向上学习

安妮 著

中国经济出版社
CHINA ECONOMIC PUBLISHING HOUSE

图书在版编目（CIP）数据

向上学习 / 安妮著 . -- 北京：中国经济出版社，2023.10

ISBN 978-7-5136-7443-0

Ⅰ. ①向… Ⅱ. ①安… Ⅲ. ①成功心理 - 通俗读物 Ⅳ. ① B848.4-49

中国国家版本馆 CIP 数据核字（2023）第 172300 号

策划编辑	龚风光　王　絮	
特邀策划	书香学舍	
责任编辑	王　絮　杨　祎	
责任印制	马小宾	
封面设计	·车　球	
出版发行	中国经济出版社	
印 刷 者	北京艾普海德印刷有限公司	
经 销 者	各地新华书店	
开　　本	880mm×1230mm	
印　　张	8	
字　　数	171 千字	
版　　次	2023 年 10 月第 1 版	
印　　次	2023 年 10 月第 1 次	
定　　价	59.80 元	

广告经营许可证　京西工商广字第 8179 号

中国经济出版社 网址 www.econmyph.com 社址 北京市东城区安定门外大街 58 号 邮编 100011
本版图书如存在印装质量问题，请与本社销售中心联系调换（联系电话：010-57512564）

版权所有　盗版必究（举报电话：010-57512600）
国家版权局反盗版举报中心（举报电话：12390）服务热线：010-57512564

推荐序一

如何真正做到向上学习

认识安妮已经九年了,这九年她一直在深圳市海归协会秘书长的位置上,认真做好每一件小事,认真帮助每一位需要帮助的海归人员,认真组织好每一场活动,认真对待每一次被邀请的分享活动。虽然我们不常见面,却一直保持着联系。

我对她印象最深的是,她经常穿一件红色的裙子,见面时总是开玩笑地问我:"老师你看我有没有变化?"我第一次在蛇口网谷的一间办公室见到风风火火的安妮,以及和她拍第一张正式合影时,她都穿着一件红裙子,我想红色代表热情、专注,正如安妮的为人,待人热情、做事专注。

安妮身上有一种特殊的气质,就是专注,而这种专注在外人看来也许会有些过于认真,甚至有些"二"。而我认为,现在的社会,聪明的人太多了,认真且专注的人反而不多见,性格中多一些"二"也挺不错的。所以,当她和同学们在一起的时候,我常常亲切地称呼她"二妮"。

安妮还有一个特点,就是特别喜欢学习。她不是在学习,就是在学习的路上。我知道这些年,安妮开始着重在生活和工作的实践中学习,开始"闻思修"了,坚持事上磨、尘中炼,努力走在精进的路上。我想安妮也是基于大量的实践学习，才有了《向上学习》这本书。

书中提到的自我认知、锻炼情商、靠谱做人做事、联结学习对象、树立品牌意识等，都源于安妮的自我实践。这本书是她在实际工作和生活中提炼总结的学习方法，相信本书对于海归人员以及喜欢学习、渴望成长的年轻人而言，会起到很好的借鉴作用。

所谓向上学习，上者优也，"三人行，必有我师"，人人皆可为"上"。只有具备一双发现美的眼睛、一颗欣赏他人的心以及很强的行动力，我们才能真正做到"三人行，必有我师"，才能真正做到向上学习。我想这三点，安妮都在践行中。向上学习，就是安妮将"三人行，必有我师"这个传统的学习之道在现代社会的落地实践和探索。

当下社会，很多年轻人多多少少会感受到来自外部环境的压力。很多时候，他们也会感到迷茫和缺乏力量。主动学习、低成本地行动尝试、不断反思自己并更新迭代自己的能力，都是我们在向上学习中值得借鉴的方法。

安妮作为深圳市海归协会的秘书长，始终践行着这些方法，坚持为海归年轻人服务，活出了自己想成为的样子。

推荐序一

衷心祝贺安妮《向上学习》新书出版，愿安妮的未来之路：

身上有正气，

心中有理想，

内心坚定，

不随波逐流，

有目标，

沉住气，

踏实干！

丁晓辉

亮心私塾

2023 年 7 月 23 日星期日于北京

推荐序二

搭一座通往光明的桥梁

推荐是一条助人的捷径。我推荐《向上学习》的理由是，这本书能够促进个人有效学习，提升能力。

本书作者安妮，是一位优秀的成功女性。她有一个很亮眼的标签，就是热爱学习，注重自我成长。她总是怀着一颗谦卑的好学之心，时不时和我探讨一些问题，在她的朋友圈分享一些想法。她也很自律，能够养成很多好习惯并且一直坚持，从而逐渐让自己脱颖而出，绽放越来越亮眼的光芒。书中的观点与内容是她通过实践不断总结更新得出的方法论，为大家提供了一些简单、实际、有效的学习提示。

其实，她的每一部著作都具有启迪人、鼓舞人的意义，她的作品以激情点燃激情，引人向上，值得阅读学习。

真正的高手，都懂得向上学习，只有这样，我们才能不断地提升自己的认知和思维，摆脱平庸，让自己变得更优秀、更强大。

安妮说："作为一个女孩子，我当然不愿意给别人留下很男性化的印象……我更希望成为一个独立且积极向上的人。"心

向上学习

里有想法，脚下必有路。围绕如何有效地进行向上学习，书中给出了许多灵活实用的策略。例如，在向上学习的路上，她总结了筛选学习对象时，两个常用的判断和选择标准，第一个是针对自己不足的部分找榜样，所举的例子很能说明缘由；第二个是找与自己目标相符合的榜样，读者可以对标、领会，向上学习。

在安妮看来，向上学习是随时随地能够做得到的。比如，早起看看微信朋友圈，是大多数人都有的习惯。大多数情况下，大家早起发朋友圈，有人会写一篇心灵鸡汤文或者拍一张早餐照，有人会录一段跑步视频或者问候一声早，等等。偶然间，安妮朋友圈中的一个人引起了她的关注，原因很简单，书中写道："但他不一样，只是单纯打卡：'4：47，这是我早起的第763天。''4：46，今天是我早起的第893天。'"一个原本可以安稳度日的人，当感觉人生还需要有些挑战，却不知道从哪儿开始做起的时候，就选择先从坚持早起开始。从这以后，作者在自律方面多了一个很好的榜样。

她还说："每天早上叫醒我的不是梦想，不是闹钟，而是目标。"在如今这个充满不确定的时代，她分享的做法是不断设立目标并突破目标，用碎片时间充实自己，让行动力配得上梦想。没有行动力，一切梦想就只是空想。

达成梦想的千条路、万里程，只从脚下开始。

书中凝练的心得，读之感之，激情自燃。从脚下开始的万里路，如何达成？每一程一个加油站，赋能；每一年一个新标杆，远望。赋能，是因每个阶段的起点不同、追求不同、短板不同、痛点不同，所以只有加油，你才能行稳致远。凡事已定，就不要再去想有多难了。正确的思维是实践，在战略上藐视、在战术上重视、在战斗中博胜、在战后复盘提升自己。激情燃烧，信心倍增。

对情绪智力的品质管理，调用各种资源把事情做成做好，是作者所赞美的高情商。向上学习，提升情商，让你有力量，让你有远方。

作为时尚女生，安妮爱美的新境界在书里清晰可见。例如，她时刻坚持的追求是，让赘肉变成紧实的肌肉，让自己能穿各种各样好看的衣服，让自己会有更好的体力去滑雪，去攀岩，享受刺激性运动带来的快乐。她说："有了这样一套自我修炼的机制后，我想象出来的美好瞬间和美好结果就会产生强大的动力，激励我向着目标前进，驱使我努力达成目标。"

追求美好，志在必得。

当今网络发达，反倒出现了书如瀚海却又令人无从下手的尴尬。一本书，如果没有相关推荐，那将令读者难以把握其中的精髓。我愿搭一座通往光明的桥梁，做推荐人，推荐这本好书。

读好书，点燃激情，读好书，奔向未来！

董李

理士国际技术有限公司执行董事

2023 年 7 月 15 日于新加坡

自　序

持续向上学习的能力，就是你的王牌

我是安妮，身上有很多标签，包括作家、演说家、深圳市海归协会秘书长和社会活动家等。有的人误以为我是含着金汤匙出生的，实际上我的家境并不优渥，也并没有掌握着各种各样的资源，我只是一个普通得不能再普通的女孩儿。

如果要为我的成功找一个理由的话，我想这是源于上天的眷顾和我后天的努力。我始终认为，好运也是一种能力。**所有的好运都是策划出来的，所有的幸运都是努力后的惊喜。**

如果你问我："你是怎么具备好运这种能力的？"那么我会告诉你，它源于我长期的学习，并且不断向上学习。向上学习，犹如破茧成蝶的过程。最初，你要默默蛰伏多年，为蜕变积聚能量，才能得到成长，变得强大，最终实现华丽变身。

我的好朋友古典曾说："做自己的英文不是 being yourself，而是 making yourself，即成为你自己。"我非常认同这句话。如果你希望变得更优秀、更卓越、更出众，而你又不是天赋异禀、才华横溢的人，那么有一条路是你必须走的，那就是通过学习不断打磨自己的意志，不断向上学习，提升自己的心性，让自己发生质的变化，就此开启人生跃迁的旅程。

向上学习

  如果学历是纸牌，经历是铜牌，本领是银牌，持续赚钱的能力是金牌，那么，持续向上学习的能力就是王牌。

  当你默默把头沉下去，专注于提升自己、精进自己的时候，你就会发现：虽然生活从未变得轻松，但是你已经在慢慢变强，比起过往，现在的你更值得被尊重和敬仰。

  那我们到底要如何向上学习呢？在这本书中，我以痛点问题为抓手，从价值观、方法论等方面，把实现人生蜕变的路径描述清楚，帮助你在人群中脱颖而出。

  向上学习是让自己变得卓越的一条有效路径，且是我亲身尝试过的一条路。只有不断向上学习，你的眼界才会变得更开阔，从而看清这个世界，了解这个世界，找到真正的自己并成为你自己，像花一般优雅地绽放，最终变成你喜欢的样子。

  相信我，只有当你变成自己喜欢的样子时，世界才会变成你喜欢的样子。

目　录

第一章
认知自我是向上学习的第一堂课

向上学习是快速成长的捷径 /002
  两个标准，筛选学习对象 /003
  快速向上学习的两个小方法 /005
有了目标，向上的动力会很足 /008
  有效目标，是学习的导向 /008
  学习他人的某个特质，而不是完整的人 /010
  赋予意义，给枯燥的过程加点糖 /011
找到优势，把它发挥到极致 /013
  找优势时，该避开的那些误区 /014
  穿过漫长岁月，提炼和发掘优势 /017
  顺势放大优势，成就更好的自己 /018
磨炼个人能力，优雅地"做自己" /020
  准确定位，培养和训练自己 /021
  向上学习，要提升三种能力 /022

做真实的自己，自我怀疑不是停止学习的理由　　　/ 026
    辩证看待他人的评价　　　/ 026
    客观评价自己　　　/ 028
    找到真实的自己的方法　　　/ 029

第二章
修炼情商，精妙吸引高段位的人

真正的高情商，是让别人感觉被重视　　　/ 034
    高情商有哪些衡量标准　　　/ 035
    高情商沟通的特点　　　/ 036
    去经历，去体会，增加阅历，让你的情商翻倍　　　/ 038

真诚地换位思考，客观地理解对方　　　/ 040
    没有真正的感同身受　　　/ 040
    先对齐价值观，再讨论换位思考　　　/ 042
    以向善为出发点去换位思考　　　/ 043

做好情绪管理，获取向上的力量　　　/ 045
    与低层级能量的情绪和平相处　　　/ 045
    管理好他人情绪的小经验　　　/ 047
    摆脱束缚，在不同场景中灵活运用不同的沟通方式　　　/ 048

赞美得法，与厉害的人建立紧密关系　　　/ 051
    原则一：走心地赞美，为自己加分　　　/ 051
    原则二：主动赞美，把它变成一种习惯　　　/ 052
    原则三：赞美 = 情节 + 细节 + 价值观　　　/ 053

目 录

遇到沟通难题，回归底层找方法 /056
    讲故事让沟通变简单 /056
    拒绝别人的五个重要原则 /058
    化解矛盾冲突的三个步骤 /059
    与领导沟通的三个小细节 /060

第三章
做人做事靠谱，让优秀的人主动靠近你

靠谱，就是超强的执行力和"不迟到" /066
    为什么需要超强执行力 /067
    快速且保质保量地完成工作任务 /068
    提升执行力的四个关键点 /069

高效且靠谱，快速与优秀的人联结起来 /071
    高效做事的三个前提 /071
    我的时间管理方法 /073

自我升值，强化他人对自己的信任感 /077
    如何选出靠谱的合作伙伴 /077
    把握向上合作的边界感 /079
    内部成员的成长路径 /080

有效沟通和反馈，对自己的结果负责 /082
    什么是有效沟通和反馈 /082
    有效还是无效，结果是最好的例证 /084
    做好沟通中的过程管理 /085

"不起眼"的细节，决定一个人的靠谱程度　　/ 087
　　关乎未来，就会加倍重视　　/ 087
　　永远不要在细节上出错　　/ 089
　　把注意细节变成一种习惯　　/ 090

第四章
精准社交，联结高价值的学习对象

最大化核心价值，你就是最好的社交平台　　/ 094
　　与其坐以待毙，不如主动出击　　/ 095
　　人脉不是求来的，是被你的优秀吸引来的　　/ 096
　　社交的本质是价值交换　　/ 098
拿捏分寸感，可以不被喜欢，但不能被讨厌　　/ 101
　　如何拿捏分寸感　　/ 101
　　向上学习是提升分寸感的最佳方案　　/ 103
　　在试错中修炼分寸感　　/ 104
拒绝无效社交，联结带动你成长的人　　/ 106
　　有效社交的几种类型　　/ 107
　　如何把无效社交变成有效社交　　/ 109
真正成就你的，很可能是弱关系　　/ 111
　　联结弱关系，找个强关系的中间人　　/ 112
　　用好弱关系，提高向上学习的效率　　/ 113
　　维护弱关系的三个好方法　　/ 115
超越对错看效果，转危机为建立关系的契机　　/ 117
　　用共赢思维处理危机的三条原则　　/ 117
　　及时处理不内耗的六点建议　　/ 120

第五章
选择破圈，拥抱强大的自己

圈子不断更新，上限一直被突破 /124
  勇于破圈，联结优质人脉 /124
  破圈一定不能脱离目标 /126
  破圈要打破固有认知 /127

破圈状态不对？那是你的心态不对！ /129
  接纳不适感，是破圈的第一步 /129
  摒弃三种心态，发掘更深层次的潜能 /131
  每个终点都是新的起点 /132

用好圈子，搞定难搞的人和事 /134
  遇到小人，离得越远越好 /134
  面对流言，最好的反击是让自己变得更强大 /136
  善用圈子资源，解决自己解决不了的难题 /137

走出舒适圈，是向上学习的常态 /138
  走出舒适圈前，先问自己三个问题 /138
  快速走出舒适圈的三个步骤 /140

向上社交，遇见贵人是一种福气 /143
  恐惧向上社交的三个原因 /143
  打造识别符号，提升个人辨识度 /144
  借助贵人的力量破圈 /146

第六章
打造个人品牌，一切势能皆为己用

定位：擅长的事可以变成事业 / 152
    准确的定位胜过十倍努力 / 152
    做差异化定位，抢夺细分赛道 / 153
    把擅长的事变成事业的四个心法 / 155

借势：让专业的人做专业的事 / 158
    向上"抱大腿"，让优秀资源为己所用 / 158
    守住核心价值，在擅长的领域借势 / 160

标签为王：给自己贴上靠谱的标签 / 163
    作家标签带来的多重影响 / 163
    经营朋友圈，传递个人价值 / 167

个人形象：设计特色鲜明的记忆符号 / 170
    形象是需要被定义和设计的 / 170
    塑造形象的两个关键点 / 173

餐桌社交：资源共享，助推个人品牌跃升 / 175
    整合资源，实现价值最大化 / 175
    展现个人价值，让别人看见你的优秀 / 178
    遵守规则，成为餐桌上最受欢迎的人 / 179

演讲：与观众对话，为品牌赋能 / 181
    只需两步，克服不敢演讲的心理恐惧 / 181
    "五度模式法"让你脱颖而出 / 182
    "金句+故事+使命感"，更能打动观众 / 184

目 录

第七章
终身向上学习，期待更卓越的自己

最好的状态，是永远保持对世界的好奇心 / 190
  失去好奇心的人，会丧失对生命的热爱 / 191
  拥有强大的好奇心，让人乐于向上学习 / 192
  保持好奇心的方法论 / 193

学会自律，活出更有激情的人生 / 195
  在真实体验中形成自律 / 195
  一些自律小习惯 / 197
  养成习惯的四条建议 / 198

加长长板让你出类拔萃，补足短板让你不掉队 / 200
  把短板尽量补长，让长板变得更长 / 201
  学会抓重点让你事半功倍 / 202
  找到底层逻辑，把你擅长的和不擅长的领域结合起来 / 203

从有用到有趣，是心境的变化和成长 / 206
  有用，是一种理性的选择 / 206
  有趣，是一种感性体验 / 207
  从有用变有趣的三个小方法 / 208

拥抱不确定性，在向上学习中持续成长 / 210
  不做长期规划，只做短期规划 / 210
  找到自己不可替代的价值，努力深耕 / 211
  向上学习可以抵御所有的不确定 / 211

寄　语 / 215

第一章

认知自我是向上学习的第一堂课

如何让你变得更优秀?客观地认识自己,向优秀的人多学习。

向上学习

向上学习是快速成长的捷径

　　生而为人，当有所求。一个人心怀对优秀、成功、富有魅力、受人欢迎等特质的渴望乃人之常情，也是向上成长的必经之路。成长的过程中必然会有曲折，会有困难，只有不被吓倒，经受磨砺，你才有可能迎来蜕变。

　　尤其是初出茅庐的年轻人，社会经验不足，所见所知有限，思想相对狭隘，容易固执己见。"成为更好的自己"总让他们产生难于上青天的感觉。

　　成长真有这么难吗？就我多年的经历来说，成长之路虽非通天坦途，却也不是荆棘密布。懂得向上学习，成长就不再是难事。向上学习是使自我变得更好，实现蜕变至关重要的一步，也应该是年轻人必备的一项技能。

　　向上学习如此重要，以至于我在很长一段时间里，都把它当作成长的捷径。与形形色色的人交往，不断向他们学习，可以让我更直接、更快速地成长起来。

两个标准，筛选学习对象

在向上学习的路上，我逐渐学会了与人相处，学会了筛选学习对象。筛选学习对象，我有以下两个比较常用的判断和选择标准：

1. 针对自己不足的部分找榜样

每年年底，大家都会做未来一年的工作计划，很多人可能会说，新的一年，我要赚 100 万元、赚 1000 万元。这样的数字喊出来，让人觉得很震撼。可我基本不会这样做，赚钱多少从来不是设立目标和制订计划的标准，我需要确定的是，新的一年要向哪 10 个人学习，并把自己想好的 10 个榜样写在日记本上。我更愿意通过这样的方式，不断向上，一路向前。

比如，我身上有一个自己很不喜欢的特点，但是之前自己一直都没发现。直到有一天，我身边的朋友对我说，他们感觉我的性格很强势，很死板，一副不太好接触的样子。听了他们的话，我的第一反应是不可思议。我一直觉得，自己长得很温柔，也比较有女人味儿，与他们的形容简直有天壤之别。

作为一个女孩子，我当然不愿意给别人留下很男性化的印象，也不想表现得过于张扬或紧张。在这个女性崛起的时代，我更希望成为一个独立且积极向上的人。所以，我开始从朋友圈中寻找那些闪耀着柔性光芒的女性，并选定其中一个人作为我的学习对象，以便更快地成为更好的自己。

在别人的提醒下，我发现了自己的不足之处，并据此找到了我的学习榜样。通过观察她的行为举止、语言表达方式，我努力向她学习，慢慢弥补了自身的不足，成长为更优秀的自己。

2. 找与自己目标相符合的榜样

大概几年前，我产生了一种很不好的感受，感觉自己的人生好像没有什么突破，也没什么挑战了，我每天都过着机械重复的日子。

忽然有一天，我在朋友圈发现了一个很有趣的陌生男生。每天早上起来打开朋友圈，我都会看到他的动态。大多数情况下，大家早起发朋友圈，或者发心灵鸡汤文章，或者发准备的早餐，抑或发晨跑健身，但他不一样，只是单纯打卡："4:47，这是我早起的第763天。""4:46，今天是我早起的第893天。"诸如此类。

我对他充满了好奇，就主动找他聊天："你真的很不错，坚持早起这么长时间，每天还那么早，你是如何做到的呀？"他回答："我本来是可以躺平的，但感觉人生还是需要有些挑战，又不知道从哪儿做起，就先从坚持早起开始了。"从这以后，我在自律方面多了一个很好的榜样。

为自己筛选学习对象，我的标准就是这两个，基本没有大的变化。但是，对学习对象的具体要求会随着我的阶段性变化而变化。

比如，刚入职场时，我希望提升自己的沟通技巧、表达技巧和管理技巧，便着重关注有助于提升自己职场技能的榜样；工作一段时间后，我意识到自己在习惯和规矩方面做得不够好，于是专注于寻找一些有良好习惯的榜样；又过了一段时间，我特别想在个人成长、领导力、心理学等方面有所成长，所以会有目的地寻找这方面的榜样；如今，我处于自我完善和自我成长的阶段，这也是我最喜欢的一个阶段，但在对市场的把握和对项目的分析上，我依旧存在短板。我希望能尽快在商业上有所突破，就会在这个方面找自己的榜样。

快速向上学习的两个小方法

知道了筛选学习对象的标准，下一步就是具体的学习过程。对很多人来说，这又是另一个困扰。我给大家分享以下两个自己比较擅长且实用的小方法，相信对大家会有所帮助。

1."找—仿—超"

这是管理学中的一个方法，具体步骤是：先持续不断地寻找学习对象，然后模仿他，最后再超越他。

以前，我和朋友聊天时，有两个缺点：第一，语速很快，讲话像机枪一样；第二，自顾自地讲话，不太在意别人的感受。为了改正这两个缺点，我就用到了这个方法。我先看看身边的朋友中，哪些人是男生喜欢女生也喜欢的，然后学着他们的样子去做。几番寻找之后，我找到了一个很漂亮的女生，说话既温柔又坚定，还充满力量感，就是我想要的感觉。

认定了她是我在语言表达、为人处世及提升女性力量方面需要模仿和超越的人之后，我主动约她吃饭聊天，并发现了她在交谈时的两个特点：

第一，她会用提问的方式和我交流，比如，"我很好奇你是怎么做到的呢？"第二，她在讲完一句话后，通常会表达一个观点，然后询问我的建议，"安妮，我觉得这个东西还是挺好的，你觉得呢？"

后来，大家都比较忙，不能经常见面，我也会私发语音消息和她沟通。在这个过程中，我会反复听自己说出去的话，并从语速、语调等方面和对方回复的话进行对比，听自己的语速是不是太快了，语调是不是过于生硬了，听对方的语言、语气是不是更加婉转、更加温柔，从中不断学习，调整自己，进而改变自己。

我相信我在不久的将来会超越她，成为一个更加优秀的人。

2. 找到目标—内化目标—达成目标

我经常跟同事讲，每天早上叫醒我的不是梦想，不是闹钟，而是目标。在我看来，设立目标是驱使我不断向上学习的一大动力。但是，向上学习的时候，很多人都缺乏动力，甚至不知道为什么要向榜样学习。据我多年的经验来看，这是因为他们想象不到自己学习之后的美好样子。

比如，我想养成自律的习惯，朋友说做运动是一种比较好的方式，可我对自己的状态很满意，觉得不运动也可以。我没有想象到自己运动之后会变得更美的样子，才会沉迷于当下，失去运动的动力。就我的亲身经历而言，我想给大家的建议是，要"找到目标—内化目标—达成目标"。这是什么意思呢？

找到目标：我想以运动的方式实现自律，首先就要找到一个在运动方面有出色表现的学习目标。比如，有一位女生，坚持长期锻炼后，身材匀称，线条清晰，有马甲线，身体素质也很好，她就是我以运动的方式实现自律的偶像和目标。

内化目标：我想要变得自律，变成她的样子，就不能一直想着这件事情有多难，这个过程有多漫长，而是应该时刻想着：我的赘肉会变成紧实的肌肉，我能穿各式各样好看的衣服；我会有更好的体力去滑雪，去攀岩，享受刺激性运动带来的快乐；我会获得生理和心理的健康，不易生病，不会胡思乱想，保持良好的精神状态；我能够有更充足的时间去做喜欢做的事，可以享受各种可能性带给我的丰盛成果。经过这样的想象后，目标会内化为我的一部分，变得越发清晰。

达成目标：有了这样一套自我修炼的机制后，我想象出来的美好瞬间和美好结果就会产生强大的动力，激励我向着目标前进，驱使我努力达成目标。

这两个小方法，是我经常使用的，在实践中也有很好的效果。在当下这个变化快、迭代快的社会，要么做梦，要么行动！只有持续不断地向上走，向上学习，我们才能拥有更幸福的生活，创造更美好的未来。

向上学习

有了目标，向上的动力会很足

我们做任何事情，都需要目标。什么是目标？我们该如何设立目标？是不是目标设立出来了就可以了？

我们都曾设立过一些不切实际的目标，等我们真正去做的时候才发现，理想很丰满，现实很骨感。

为什么会出现这种情况？因为我们在设立目标时，就已经出了错，所以不管如何努力，我们都达不到理想的结果。

有效目标，是学习的导向

要想设立出有效目标，我们就需要在自己的大脑里"植入"以下三个观点：

1.要么行动，要么做梦

目标和梦想、空想有着本质的区别。目标是需要花费一些精力、时间和努力来"蹂躏"自己才能实现的，那些比较梦幻的、遥远的是梦想，而那些假大空、不切实际、不能实现的则是空想。比如，我的目标是写一本10万字的书，虽然我要花费好几个月的时间且要经历没有休息、没有社交的痛苦过程，但只要我肯努力，最终我就一定能够实现目标。如果我时刻想着不努力、不学习、不收集素材就把书写出来，这就是空想，是无法实现我的目标的。我们不可能什么都不付出，就轻而易举地实现目标。要么行动，要么做梦。要么优秀，要么出局。

2. 目标会让你痛并快乐着

这个世界上根本就没有轻轻松松、快快乐乐就能完成的事情，就像我们不可能轻而易举地变优雅、变漂亮、变得身材好。你看见他人拥有的高挑的身材、美丽的脸蛋、柔顺的秀发等各种各样美好的特质，都是被塑造出来的，都是他人努力和行动的结果，而不是做梦和空想的产物。我相信，优秀的人对自己都是残酷的，如果你感觉每天都过得舒舒服服，你一定是在走下坡路。

3. 你的目标要与你想成为的自己同出一辙

我始终坚信，你设立的目标永远与你想要成为的人是同出一辙的。

我对自己的定位是社会活动家，凡是与政府助手、企业伙伴、青年偶像这三类相关的事情我都可以做，与它们相关的目标我都可以设立。

比如，在政府助手这方面，当有政府考察团来调研时，我可以制定调研方案，带领导去实地考察；在企业伙伴这方面，我可以帮助海归博士、海归创业者等人员策划投融资大会，组织大家一起学习这个领域的理论知识，深入行业内部；至于青年偶像，无论是提升个人影响力，成为海归人员代言人，还是塑造个人形象，在青年中树立威望，我都可以做。

知道了设立目标的三个基本观点，你还需要给自己找一个对标对象，激励自己尽快促成目标的实现。

学习他人的某个特质，而不是完整的人

我计划写第一本书的时候，最初寻找的对标作家是古典，但在看了他所有的作品后，我发现，他的作品内容知识体系广博，专业性强，对我来说有点超纲，因此，他不是适合我的对标对象。

后来，我又看了作家张萌、张德芬以及诸多同类作家的作品，发现自己还是更喜欢张德芬老师的作品。因为，她书中的内容基本上是通过一个个鲜活、生动的故事来讲述的，这也是我比较擅长的。

找到了与自己风格相近的对标作家之后，我开始看她的相关视频、故事及采访，研究她的作品，模仿她的写作模式，把她擅长用的"总—分—总"写作结构、"价值观+故事+情景"的写作模式套进自己的写作之中，最后再用金句升华一下主题。

在这里，有一点需要强调的是，关于对标对象，你只需"模仿"他身上优秀的、吸引你的特质就好，不要试图完美化这个人。即，你要对标的只是对方身上的某一个特质，而不是成为第二个他。比如，我在写作时把张德芬视为对标对象，但她在现实生活中的样子我就不在意，我更在意的是她的写作，毕竟我要实现的目标是成为畅销书作家，而不是成为第二个张德芬。

赋予意义，给枯燥的过程加点糖

学习本身是枯燥的、无趣的，实现目标的过程是有难度的、痛苦的，那我们如何才能快速且愉快地实现目标，并让这个过程变得妙趣横生呢？我认为，应当在设立、实现目标和向上学习的过程中，赋予它乐趣、意义和价值。

2017 年，我组织了 100 位深圳海归人员开展"走戈壁"活动。当时，我基本上是不运动的，有位海归人员打赌说："安妮秘书长如果能走在戈壁滩上 4 天不上保障车，我就喝一瓶茅台酒。"为了让他失望，我给自己定了一个目标：我不但要走完，还要走出"深圳 100 人排名第一"的成绩。

走戈壁是一件特别痛苦的事情，不仅路程远，而且穿越沙漠的过程中还可能会遇到生命危险。记得我走的时候，全程都在自娱自乐。比如，我自己想象，他喝一瓶茅台酒的场景是不是可以拍成一部电视剧，再做成一个短视频；走到一半时，我发现周围都没有人了，就自己做一套广播体操。一路上，我就是这样不断和自己对话，不断鼓励自己，给自己加油打气的。当然，结果也很让我满意：在全国 1000 人中我排名第七，其中，女子组排名第一。深圳的 100 个人中没有一个人是我的对手，真的做到了排名第一。

实现目标和学习的过程本身是痛苦的，要自己在其中寻找乐趣，如果我在整个过程中跟他们一样叫苦不迭，一直暗示自己走不过去的话，那我就很难走完全程，也不可能取得这么好的成绩。正因为我一直在给无趣的过程"加糖"，一会儿想象走完之后怎么回击对方，一会儿自己做广播体操，一会儿想象我是一个偶像在沙漠里跳舞，才让过程变得短暂且有趣起来。

要知道，人生是一场漫长的旅程，一定要学会自娱自乐，让生活变得甜一些。

找到优势，把它发挥到极致

如果要问我，在向上学习的过程中，有哪些收获，我想应该是自己身上的那种紧张感、压迫感消失了，变成了那个更美好、更可爱、更被世界善待的自己。

有一天，天色已晚，我的一个好朋友对我说："安妮，你到我办公室来一趟吧。"我急匆匆地到了他的办公室，没想到迎来的竟是一场持续两个小时的谈话。谈话的重点在于，我太过于热心，总喜欢不分对象地给别人联结人脉和资源，有时不太注重结果。我心里很清楚，他这样说是为我好，希望我变得更优秀，但从真实感受上来说，我在这之后的整整一周都很难过。我思考着，为什么这次谈话让我如此不愉快？

思考的结果是，这个世界上主要有两种人：一种人需要用成本不一的"胡萝卜"给予激励，另一种人需要用"棍棒"加以鞭策。而我自己，既不属于"胡萝卜"型，也不属于"棍棒"型，而是属于第三种——自我激励型。我不需要别人给甜头，也不需要受人鞭策，因为我自己就会给自己压力。我有一套自我驱动的流程，始终在"找到自己—成为自己—战胜自己—实现自己"的循环中不断完善自己。

意识到这一点，我就明白了一个道理：如果你想改正自己的缺点，那么你一辈子也改不完，但当你知道自己的优点并把它发挥到极致时，你就会无懈可击。于是，我就开始了找优点、找优势的漫长之旅。

找优势时，该避开的那些误区

在找自我优势的过程中，我走过不少弯路，身边的很多人，也曾陷入误区。以下五个误区需尤为注意：

1. 好的就代表对的

每个人的优势都不一样。有的人善于收纳，为什么这不能成为他的一个专长呢？为什么他不能因此发光呢？千万不要因为看别人演讲出彩，你也做演讲；别人创业成功，你也跟风创业。做之前，一定要提前想清楚，这真的适合自己吗？

我也是发现了自己与人联结的优势之后，才意识到，别人做得好的事情，不代表我就一定能做好，那可能是我的短板；而别人做不到的事情，可能恰恰是我的优势所在。

要知道，别人的优势是你一辈子都不能超越的，而你的优势恰恰也可能是别人不具备的。所以，我们在找自己的优势时，千万不要盲目模仿，盲目跟风。

2. 优势一定是别人所不具备的

有时候，我们会有一个错误的认知，认为人人都能做的事情，就不会形成自身优势。很多人因此忽视了自己身上的某些特质，放弃了潜在的优势。就像我以前一样，总觉得联结人际关系并不是优势，因为谁都可以做。如今回头去看，成就我的正是这个不能称为优势的优势。因此，千万不要小看自己身上任何一个能够发光的点，说不定成就你的就是它。

3. 优势是可以直接找到的

现在，很多年轻人害怕犯错，不敢主动尝试，以为不犯错就是最好的结果。实际上，这个观念本身就有问题。不试错的话，怎么能知道自己错在哪里？不知道自己错在哪里，怎么能不断进步？就像我，如果当时不选择创业，可能直到现在，我还会觉得自己既能吃苦，又具备各种素质，是一块做企业家的料。但在试过之后，我才发现这条路并不适合我，于是我才能心无旁骛地在其他领域继续探索。所以，我的观点是，尝试之后才能更准确地知道适合自己的方向。

4. 接近优秀的人对找到优势没有直接作用

从我的人生经历来看，我一路的成长都离不开向上学习，离不开更优秀的人对我的指点。

了解我的人都知道，我办过企业，写过书，担任着深圳市海归协会秘书长，受邀到各处演讲，还热心于慈善事业，所以有人分别给我打上了企业家、作家、秘书长、演讲家、社会慈善家的标签。这几个标签，单独拿出来，都符合我的身份。可是综合起来，哪一个我都不喜欢，感觉每一个听起来都不是非常契合我。

后来，有一位高人向我提了一个建议，可以叫社会活动家。它是政府助手、企业伙伴和青年偶像的综合体，大于等于我所有的标签，我很心仪地采纳了。只有不断接近光才能成为光。不断向优秀的人靠近，接近自己想成为的人，才能更好地、更快地发现自己的优势，放大自己的优势。

5. 总是把面子和尊严看得过于重要

现在的很多年轻人，都有一个共同点，就是太过含蓄，太把面子当回事儿。但在我看来，面子其实并不像大家想象的那么重要。

关系是互动出来的，不互动就永远没有关系。我出版人生第一本书《你必须精致，这是女人的尊严》时，以为这是我今生唯一一本书，就告诉自己，既然这辈子就写这一次，还写得那么辛苦、艰难，无论如何也得让别人看到。

于是，我把名片簿拿出来，从1000多张名片中找出了200多张上市公司老板的名片。当时，其中一部分人的微信我是没有的，所以我给他们每人发送了一条短信，大致内容是：×总您好，我是深圳市海归人员协会秘书长唐安丽，之前见过您。我刚刚出了一本书，想寄给您，能麻烦您给我一个地址吗？

结果，这200多人中，大概有60%的人回复了我，有50%的人给了我地址，于是，我就给这50%的人邮寄了书，然后持续不断地联系，最终和他们成了朋友。

换作别人的话，也许会有很多担心，害怕别人不回复会很丢面子，但我没有这种担忧。面子是自己争来的，不是跟别人要来的。其实，面子真的没有你想象中的那么重要，不要怕丢脸，勇敢地追逐吧。

穿过漫长岁月，提炼和发掘优势

刚开始做海归人员协会这个平台时，我对创业人士羡慕万分。我甚至清晰地记得十年前的一件事：一个女生送给我一个她生产的杯子，价格是998元。当时，我从她的眼神中看到了她对那个杯子的喜爱，深受触动，于是对自己说，我也要创业，我也要有一个自己的产品，我也要成为一名企业家。有了目标就要有行动，所以在2015年，我真的成了一名创业者。按照我的设想，我应该大展身手一番，却没想到我不仅赔了很多钱，还赔上了自己的名誉。直到现在，我还在为这次随意的创业埋单。

那时，我很伤心，也很有挫败感。我想不明白，为什么人家可以创业，我就不能创业？为什么我就不能成为一名优秀的企业家？

我困惑过，失望过，也怨天尤人过。但幸运的是，我没有让自己在失败中沉沦太久。我告诉自己，要想清楚，不能做企业家的话，我究竟适合做什么。一番探究之后，我慢慢发现自己的一个特点，而这个特点正是我的优势——人际关系的联结枢纽。

我是怎么提炼并发掘出这一优势的呢？说起来，我感觉很不可思议，这其实经历了一个相当漫长的过程。

刚到国外时，身边的同学都是外国人，我跟谁都不熟悉，加上英文不是很好，只能简单和大家寒暄几句。当时，老师要选一名班长，出乎意料的是，80%的人投了我的票。我当时很震惊，也很疑惑，同桌是美国人，前座是大洋洲人，后座是法国人，为什么大家要投我？

在大家的欢呼声中，我莫名其妙地当上了班长，小时候的记忆也涌上心头。印象中，我在小学、中学时不仅是班长，还是学生会主席，不管去哪里，不管干什么，都有很多人跟着我。这件很久之前的小事，曾引发过我的思考。原来，从很小的时候开始，我就是一个善于与人联结的人。

也许在那时，我潜意识中就萌发了一颗种子——与人联结是我的一个优势。只不过，这个优势，在我亲身体验到创业失败的阵痛之后，才迅速发芽、生长起来。优势不是等出来的，而是在不断尝试中，提炼和发掘出来的。

在我们避开了一些陷阱，顺利发现了自己的优势之后，下一步应该做的就是将自己的优势展示出来，让别人看见，让别人知道，让优势发光发亮，让自己无懈可击。

顺势放大优势，成就更好的自己

找到了自己善于与人联结这个优势后，如何把优势应用到工作和生活中呢？我的观点是：优势，就是优点和势能的结合。它会产生一个强大的动力推着你往前走，不需要借太多的力，这个过程一定是顺势的。

那什么是顺势呢？顺势就是做自己喜欢、擅长的事情，是你对一件事情满怀期待，充满兴奋与激动，是一件你可以不吃饭、不睡觉，做起来很顺利，过程很轻松的事。做得好的话，你就离成功不远了。

我发现了自己在与人联结方面的优势之后，忽然意识到，我根本不需要主动找别人，因为每天主动来找我的人实在太多了。"秘书长，我要出书""安妮姐，我要加入剑桥校友会""安妮姐，我要找资金""安妮姐，我正好要招人，求介绍优质人才"……他们需要的资源，我手里都有，所以我做与人联结方面的事会很愉悦，很轻松，根本不累。这就是顺势的。我不仅做得如鱼得水，还能从中发现自己的价值，增加自信，督促自己变得越来越好。于是，我顺着趋势把这一优势"发扬光大"，通过不断地帮助别人成就了自己的事业。

前段时间，深圳成立了剑桥校友会。一天，校友会主席约我见面，我本以为是要展开商务合作，没想到聊了没几句，他就向我表达了深深的谢意。我当时惊讶地问："谢我啥？"他答道："上个月您给我介绍的××加入了我们，我们之间的合作特别愉快。"

听他说完，我依然没想起来当时是如何帮助他的。因为我始终坚持一点，只问耕耘，不问收获，相信它最终一定会转化为好的结果，回归到自己身上。

对我来讲，我自始至终都在做一件事——放大自己的优势，让自己的优势发光发亮，并能帮助别人。所以，一旦你找到自己的优势，只要它能为社会做贡献，能帮到自己、帮到他人，那你就大胆去发挥，最终一定会有好的结果回馈到你的身上。

磨炼个人能力,优雅地"做自己"

最近,我发现了一个社会现象,很多年轻人从小相信"读书改变命运",所以挤破头走上高台,以为进入社会后就能大展拳脚。可是,现实往往不尽如人意,很多人觉得所在的平台无法让自己的能力完全展现出来,因此,"我要做自己"就成了社会上广泛传播的一种声音。

做自己可以,但是有些人"做自己"的方式是很梦幻的,比如,想离开这个过"卷"的社会,找一个世外桃源,开一家小客栈,过上舒适、轻松、惬意的生活。

这就是"做自己"吗?我不敢苟同。试想一下,一个人没有经历过人生重大的波折,其能力没有经过风吹雨打的磨炼,没有在红尘中经过洗礼,怎么能说做自己呢?这样的"做自己",可以说是一个悖论。

当然,这种现象的出现也情有可原。他们忽略了很重要的一点——享乐生活是经受住苦难的考验才能拥有的,能力也只有在历经磨炼后才会越来越强。

因此，在做自己之前，你要先打磨自己的能力，让能力如钻石一般，经过大自然的洗礼、经过人工的雕琢、经历打磨和清洁等多个步骤之后，逐渐发光发亮。

准确定位，培养和训练自己

刚刚参加工作的时候，我在一家上市公司做领导助理。我自认为本职工作做得很完美，却没有独当一面的能力，所以我给自己的定位是完美的助理，觉得这辈子只适合在领导身边工作。

但在接触并加入深圳市海归人员协会之后，我组织了多场活动，一直和不同的人沟通交流，学着处理各种人际关系，才发现沟通、管理、组织、应变等方面的能力我也能学会。我不只适合做助理，还有无限可能。

能力是可以培养和训练的，即使过程很艰难，我们也要敢于尝试，敢于迈出第一步。虽然可能遭遇失败，却是我们快速知道自己能力范围与极限的一条路径。

"能力是可以培养和训练的。"这句话听起来很简单，但也对我们自身提出了一些要求，其中我比较看重的是以下两点：

1. 从不同维度看世界，从更高层次审视自己

我的人生，始终在不断学习，学习管理学、学习人际关系、学习心理学、学习商业社交……这让我能从不同的维度看待世界，从更高

的层次审视自己。

最近，我有了一个新的目标——学习打网球。为什么有这样的目标呢？因为近年来的环境变化，让我感觉到人与人最后的竞争，是精力和体力的竞争，身体素质才是最大的生产力。所以，2023—2024年，我的目标是把网球打好，再忙再累都保证一周两次的网球课，每次1~1.5小时。

2. 看三类书与小目标的力量

设立长期目标时，我推荐大家通过读书来确定。很多人不知道看什么书，会问我："秘书长，你推荐我看一些什么样的书？"我说："我永远推荐你看三类书。第一类，能帮你实现目标的；第二类，能助你事业精进，实现事业突破的；第三类，能帮你满足对世界的好奇心的。"如果你不知道如何设立长期目标，从这三个主题出发，你的目标基本都可以确定。

设立短期目标就比较简单了，比如：你想减重10公斤，让皮肤变好，每天跑步5公里……这些目标虽然小，但是能够让你的生活更丰富，也会让你更爱这个世界。

总之，千万不要等，不要等自己完美以后再去行动，因为完美是不可能降临的。我们要做的是勇于尝试，在过程中培养和训练自己的能力，尽快和那个更好的自己相遇。

向上学习，要提升三种能力

能力的重要性，我没必要赘述，但是，提升哪些能力对成长的帮助更大呢？虽然我不能给大家一份"标准答案"，但我可以提供我的答案给大家参考：

1. 沟通能力

沟通的关键，不在于你说了多少，而在于对方听明白了多少，吸收到了哪些内容；沟通的高度，不在于你说了什么，而在于对方感觉舒服的程度。对方理解和吸收得越多，感觉越舒服，沟通就越到位。

所以，提升沟通能力并不难，只要掌握一定的方法，就可以快速学会。我经常用到的方法就是模仿——总结自己沟通时遇到的一些问题，看身边哪个人讲话最有水平，最让人感觉舒服，我就有针对性地进行模仿和学习。

2. 情绪管理能力

情绪是有感染力的，如果你能管理和控制好自己的情绪，就可以调动别人的情绪，这是我一直在提升的能力之一。之前，我是一个性子比较急的人，遇到问题会立马爆发情绪。后来，有个朋友跟我说，一个人在你眼前举起拳头时，你可能除了威胁什么都看不到，但当他把拳头拉远一些时，你可能就不会觉得有什么问题了。

这句话对我的触动很大，以至于我再遇到问题的时候，会先调整自己，学习控制和管理自己的情绪，这样更有利于沟通。

3. 演讲能力

一个优秀的人，应该具备一定的演讲能力，甚至要努力成为一名演说家。为什么这么说呢？因为，这是从我的真实体验中得出的结论。

2017年，在深圳市海归协会的年会上，很多领导坐在台下，加上会员和嘉宾，这场年会的参与者总共有 1000 人，其中一个环节是我上台演讲。当时，我并不擅长演讲，虽然我在台下滔滔不绝，但只要一上台，我就会紧张到腿软。为了不出错，我选择了念稿，照本宣科地读了一遍之后，就匆忙地下了台。

讲完之后，有个姐姐对我说："安妮，我觉得你在台上的魅力不及你在台下的十分之一，你的演讲需要改进的地方太多了。"她这句话深深触动了我，从那时起，我就立志要成为一名演说家。

目标已经立下了，该怎么实现呢？于是，我上网找到有关演讲的方法去学、去背。学了一些技巧后，还要去实际练习，因为不开口讲永远不会讲，所以要勇于"霸占"舞台。那具体应该怎么练呢？我想到了一个很快速的方法——从身边的好友"下手"。

我："你公司有多少员工？"

好友："30 名。"

我："需不需要演讲？"

好友："你能讲啥？"

我："应该可以讲销售吧，或者讲公关，我也不知道。"

就这样，我一家公司一家公司地讲，基本上每周都讲一场。我清晰地记得，当我讲到第 33 场，站到台上的那一刻，我就预感到那将是一场完美的演讲，因为我真切感受到那是我的主场。讲完之后，我有一种发自内心的愉悦感。

很多人期待像我一样，能做个擅长演讲的人。在我看来，演讲效果好坏的关键在于自己能否避免自我意识过剩。什么叫自我意识过剩？

就是演讲者在演讲的时候，十分在意自己讲得好不好，观众喜不喜欢自己，观众能从中学到多少。但我讲的时候完全不在意这些，只是尽情享受这个舞台，就没有产生过剩的自我意识。这就是不断打磨、训练自己的演讲能力带来的一些改变。

这个世界上，有些人做事确实比较慢，但这不代表他们没有能力，只不过每个人所涉猎的领域、擅长的范围不一样。所以，即使现在你对自己的能力有所怀疑，也千万不要低估自己，更不要人云亦云。你只需找到最适合自己的事情，发扬它，绽放它，做最真实的自己就好了。

向上学习

做真实的自己，自我怀疑不是停止学习的理由

很多人没法做真实的自己，不仅因为对自己的认知不够，还因为他们太在乎别人的评价。有多少人因为别人的评价而黯然神伤？有多少人为了得到别人的认可而委屈自己？如果你是一个优秀的人，你会在意别人的评价吗？如果你做得比任何人都好，别人的评价对你会有影响吗？你若是什么事情都做不好，别人给你再高的评价，你也还是那个你，并没有什么特别，除了心情因为别人的评价有了改变，生活的其他部分还是原来的样子。

所以，关于别人的评价，我们只要明白一件事情就好：不要过度在意与自己弱相关的他人的评价。

辩证看待他人的评价

他人对你的评价，是他们眼中的你，这种评价一般可以分为两种：

一种是恶意的,一种是善意的。对于恶意的评价,你不去理会就好,因为嘴巴长在他人身上,你管不了,没必要让自己陷入无谓的自责当中。至于善意的评价,你也要分情况对待。

第一种情况是,这个评价与你的追求相悖,那就可以不用将它放在心上。比如,我有两个朋友,都是三十出头的单身人士。很多人对他们说,老大不小了,该结婚成家生孩子了,这样老了才不会孤单。客观地说,这些评价是善意的,但与他们"独身主义,这辈子不想结婚"的追求是相悖的,那么这种评价就不必太过在意。人各有志,他有他的康庄大道,你有你的罗马大道,各自走好各自的路就好了。

第二种情况是,这个评价与你强相关,能帮你变得更好,有助于达到你的目标,实现你的人生理想,那你就可以适当参考,以便及时调整和改变。比如,以往别人对我的评价基本上都是,"安妮是一个很强势的人",或许是我有时候听不进别人的意见,才给他人留下了这样的印象。对我来说,这样的评价就有必要听取,为什么?因为它跟我有极强的关联。未来,我想变成一个谦和、与人为善、善于搭建圈子的人,我要搭建一个和善的、良性的圈子,想扭转他人对我的这种印象,我就要对自己的行为做出调整。

曾经的我,也很在意别人对我的评价,听到别人说我哪里不好,就会难过好几天。但随着年龄和阅历的不断增长,我明白了一个道理:很多人之所以容易被他人的评价左右,被他人的言语伤害,最关键的问题在于内心不坚定,目标不明确。如果坚定地知道自己想要什么,那对于他人不好的评价,你可以一笑而过,不必放在心里太久,因为不管别人怎么说，你对自己人生的判断和选择都不会被影响。

因此，我们要多问问自己的内心想要什么，然后坚定自己的目标，不因外界的评价而自我怀疑。此外，你也要允许不认可的声音出现，敞开心扉，接受一切新的变化。

客观评价自己

一个人真正意义上的成长，是不需要通过获得外界认同来实现的。别人怎么想你一点儿也不重要，重要的是你对自己的评价，找到真实的、客观的自己。

现在的我，是一个定位很清晰的人，永远以结果为导向。他人的评价左右不了我想成为怎样的人，也左右不了我想做什么样的事情。

如果要在他人评价和自我评价之间选择一个更重要的，我会选择自我评价。但在这方面，我也有过认知不客观、不清晰的时候，给自己造成了很大的伤害。

创业的时候，我对自己的评价是：一个认识1000位企业家，拥有上千个资源，不需要付出努力，就完全可以通过这些资源实现完美的转化和落地，完全可以坐享其成的人。但当我真正开始创业才发现，我低估了创业的重要性和难度，对自己的评价也太不切合实际，真切地体会到了"没有付出哪来回报"这句话的含义。

事后，我进行了深刻的反思：我太自负了，觉得认识那么多人，就一定能赚到钱，可是并没有一位创业成功的人说过认识的人多就一定能赚到钱。

所以，我们还是要基于自己的人生状态、目标和梦想客观地看待评价自己，不要过于高估自己。这是我栽了跟头，交了很多学费之后才悟出的道理，简直是血的教训。

找到真实的自己的方法

那我们该如何从他人评价和自我评价中，找到真实客观的自己呢？我的方法是，从他人评价与自我评价中找共性。

我有一个习惯，经常对身边的朋友进行调研，尤其会问一些新认识的朋友怎么形容我。有些人会说能干、漂亮，有些人会说大忙人、资源多……听完他们的话，我会想这些评价与我想要成为的人是不是一致的。如果一致，我会很开心，证明我做的选择，付出的努力都被大家看见了，且得到了大家的认可；如果不一致，我会进行自我反思、自我批评，但是，我不会把时间过多地浪费在自我批评上，更多的是反省完马上找解决办法。

每当我听到有朋友用"女强人""强势"等词汇形容我时，我就会想，明明我不想当女强人，为什么大家都说我是女强人？是因为我朋友圈展现的内容吗？还是我的语言表达？抑或是我的形象？我从这些方面一一反思，找到出错的方面，再进行相应的调整。

关于如何看待他人的评价和自己的评价，我有以下三个观点：

第一，与优秀的人为伍。当我们和能量高的人在一起时，你会得到更多的褒奖；当我们和能量低的人在一起时，你只能得到更多的批评。

要知道，有时候褒奖比批评更有用，也更有效。

第二，哲学家叔本华曾说："人性一个最特别的弱点就是，在意别人如何看待自己。"成熟的人会让别人的评价成为自己成功路上的垫脚石，而不是拦路虎。

第三，我们不要过分在意别人的评价，每个人都一样的，总会被身边的某些人指指点点。他们可以指指点点，但是我们可以不接受这些指点，一心守好自己的本心。

第二章
修炼情商,精妙吸引高段位的人

情商是一个人重要的生存能力,是一种发掘情感的潜能,会影响生活的各个层面和人的未来。

向上学习

真正的高情商,是让别人感觉被重视

在很多人眼中,情商高是我的典型标签,也是我受人欢迎的重要原因之一。立足当下,我不否认,但我也不是天生如此。我对高情商的理解和感知,是有一个逐渐向上的过程的。一开始,我的情商很低,每每回想当时的一幕幕,难堪的感觉总是涌上心头。

当初,我萌生了当作家的想法后,就向一位认识了很久的姐姐讲明了自己的想法。她刚好与朋友合伙创办了一家做企业教练的公司,便推荐了一位优质教练帮我做分析和定位。

我很开心地去了教练的办公室,和她聊了聊我的想法。"丁老师,我要出本书,我想这样,这样……老师你还有什么话要说吗?没有的话,我就走了。"说完这些,我甚至没给老师说话的机会,直接走出了办公室。

现在回想,我那时的情商确实太低了。从始至终,我都没有考虑过教练的感受，即便她想帮我，都不知道该如何下手。

一个高情商的人，应该能让别人感觉舒服，让别人感觉被重视。一个人的沟通能力再强，表达能力再好，人脉资源再多，一旦让对方没有存在感，让对方感觉不舒服，那就是情商不高的表现。

高情商有哪些衡量标准

"感受"这个词，很多人觉得很空。这一点完全可以理解，感受确实受个人因素的影响多一些。但是，多在意他人的感受，并不是空泛之词，它是有可衡量的标准的。

重复对方的话。通常，我在和朋友吃饭聊天时，都会做一件事——重复他讲的话。"重复"这个动作，表示我很尊重他，很认真地在听他讲话，非常认可他的观点。同时，他会觉得我的表达和总结能力很强。这个方法超级好用，基本上屡试不爽。

比如，领导交给我一项任务，我会说："领导，按照您的意思，我要做三项工作。一是与对方取得联系，二是明确对方的诉求，三是出具一份方案与对方进行沟通，对吗？"听我重复一遍之后，领导很开心，也会很安心地把工作交给我。

多谈一些交集。很多人认为，天气、世界杯、疫情等公共话题能很快激发彼此畅聊的欲望，但我很少主动谈及这种类型的话题。一般情况下，我比较喜欢谈自己与对方的交集，或者对彼此都有价值的一些事情。

打个比方，我打算见一位已经退休的老领导，就会想我们之间有什么交集。我最先想到的是他的孩子。从年龄来看，他的孩子年龄和我差不多。我会问他，您的孩子怎么样？是不是要从国外回来了呀？回来后你们有没有什么交流？这个话题一下子就把我们的关系拉近了，我们极有可能会滔滔不绝地谈论起来。

站在对方的角度上去考虑问题，角度越精准，越能打动人。当然，我也经常听到另一种声音，"如果总是让别人感觉他自己很重要，那对我们自己来说不是很累很苦吗？"关于这个问题，我始终认为，一个幸福感十足的人，不是因为他有车有房、物质富足，也不是因为他具有受人尊敬的社会地位，而是因为他能与身边的人友好相处，有着令人羡慕的人际关系。

当你在意他人的感受，让对方感觉到他很重要时，你就会自然而然地赢得对方的喜欢。一旦对方愿意与你交流或合作，那么你的生活、工作、感情等各方面也会变得幸福起来。虽然你看起来是在为他人考虑，照顾他人的感受，会有点辛苦，但高级的利他就是利己，这其实是为提高自己的情商，提升幸福指数而服务的。所以，不要执着于一些小事，或许这真的没有那么重要，换个思考方向就会开阔很多。越是优秀的人，越懂得如何待人，照顾他人的感受。

高情商沟通的特点

我一个朋友的助理叫珍妮，是从新加坡回国的一个女孩。她做事情很认真，但喜欢较真、认死理，不懂得变通。

有一次，珍妮负责和一位领导确定一张设计图，没想到他们却吵了起来。领导给我朋友打电话说："你这个助理情商太低了。"然后就挂断了电话。当时，我朋友直接蒙掉了。过了一会儿，珍妮发来了好长一段话，他才明白了事情的经过。原来，珍妮设计好一张海报后，发给领导看，希望能够尽快确定下来。

领导："设计得这么丑，你还好意思给我看？"

珍妮："不丑啊，我觉得很好看。"

领导："还说不丑，你好意思吗？你还是从国外回来的呢。"

珍妮："我觉得很好呀。"

就这样，针对这张设计图的美丑，两个人一直在争吵，却没有就到底哪里丑进行讨论。结果显而易见，他们没能争吵出个结果。在我看来，这就是一次无效沟通，不仅不能解决问题，还浪费了太多的时间。

后来，我朋友和珍妮沟通说："首先，他是你的客户，你现在的工作是让客户满意，而不是和他争论对错。在职场当中，你的工作就是对客户负责。其次，你现在的身份是助理，刚留学回国，不要总想着证明自己。在你能力还不够的时候，是没有发言权和决定权的，你觉得争吵有意义吗？你不觉得自己在工作中太轴了吗？"

没有结果的沟通，等于白沟通。此后，我朋友给珍妮提供了一个解决话术：领导，请问哪里需要修改，您指点我一下，我好尽快修改出来。这样的沟通方式是不是提升工作效率的同时，还不影响自己和老板的关系？由此可见，高情商的沟通是超越对错看结果，可以帮我们快速拿到结果，而不是把大把时间浪费在一次次的无效沟通上。

情商就像一张通关卡，会让我们快速抵达目标圈层，进入其内部。如果你想在这个社会上立足，想发展得更好，高情商就是每个人都应该具备的一项技能，也是一项必修课。既然情商如此重要，那要如何快速提高情商呢？以下是我的经验。

去经历，去体会，增加阅历，让你的情商翻倍

在很多人看来，提高情商的方法是模仿，我并不是很认同。情商不是想提高就能提高的，当你的经历无法承载足够大视野的时候，你的情商是提高不了的。在我看来，提高情商的底层逻辑是不断去经历，去体会，增加社会阅历，拥有一颗包容体谅和宽宏大度的心，眼界高远，凡事从大处着眼，从不斤斤计较。

培养我女儿的时候，我也很注重这一点。大概在她 3 岁的时候，我对她说："妈妈不一定会给你很多钱，或者很贵的礼物，但会保证每年带你去一个国家。这样，当你 20 岁的时候，差不多会感受过十六七个国家的文化和风俗，有助于打开你的视野，扩大你的格局，让你不会在一些无效、无用、无价值的事情上浪费宝贵的时间和精力。"

有人说，这个世界上最幸福的事情是和喜欢的人在一起做喜欢的事。提高情商，就要经常和喜欢的人在一起，接受他们的"熏陶"。我发现，经常和我在一起玩的朋友，不是最有钱的，不是最帅的，也不是最美的，而是最能让我开心的。和他们在一起的时间多了，我感觉自己

变得更有趣了。我从一个不在意别人感受的人变成一个更有爱的人了。用四个字来概括，就是"情商高了"。所以，我很愿意把闲暇的时间"浪费"在他们身上。

我们一定要在让自己开心的人和事上多花时间。当你这么做的时候，自己有趣的一面也会被慢慢滋养出来。过程可能会很漫长，但你一定能看到结果。

正如作家李筱懿在《情商是什么？》中写的一样："情商是指一个人感受、理解、控制、运用和表达自己以及他人情感的能力。"如果说情商决定了一个人的受欢迎程度，那么高情商的能力就决定了这个人最终能走多远。

真诚地换位思考，客观地理解对方

我在网上看到过马伊琍说的一段话，感触很深。她说："我根本就不相信家庭和事业能平衡。我现在带着两个孩子，晚上老大需要我陪着聊天，老二需要我陪着睡觉，我根本没有时间去聚会和社交。"的确，现在很多人都说要平衡事业和家庭，要理解单亲妈妈的不容易，但从来没有经历过的人怎么会知道其中的辛酸与艰难呢？

这样的思考，促成了我想要和大家讨论的一个话题：换位思考。

没有真正的感同身受

换位思考说起来很容易，但未必每个人都能做到，因为没有经历过是不能感同身受的。也就是说，没有真正的感同身受，我们能做的只是尽最大的努力尝试理解他人，进行尽量接近客观事实的思考。

我的情况很多人都了解，我不是大老板，也不是企业家，而是一名海归人员。我在国外生活了很多年，身边的圈子也是和我层次、水平差不多的，以至于我对国内的情况不是很了解。所以，我真的无法做到换位思考，更无法感受有些人经历的那种艰苦，唯一能做的就是尝试着思考。

在对待员工时，我会把自己代入情境中去联想：他们只身一人来到深圳，没有父母、朋友陪在身边，一切都要靠自己的努力，拼命工作让自己过得看起来很不错。

可是，即便了解了他们的情况，我依然无法给他们双薪或者三薪，只能给他们一个机会，让他们尽可能多地接触到一些上市公司的管理层或者高精尖技术人才。在这个过程中，我对他们的能力进行培养、提升，让他们养成好的习惯，进而积累起一定的人脉资源，尽量让他们从我这里"毕业"之后，实现事业的跃升。这就是我尽可能站在他们的角度思考之后，能为他们做的事情。

对待老板和搭档，当然不能像对待员工一样，但我也会让自己尽量试着去理解他们一些想法背后的原因。比如，我的搭档是我的合伙人，也是我的领导。我是我们团队最大的销售，但我一分钱不拿，全都分给团队成员。他经常说这样做有问题，说我是个圣人，我们也会为这一点争吵。他跟我说，就因为你这样，所以你的助理、副秘书长也这样。如果员工都抱着这样的心态工作，就失去了赚钱的动力，还怎么保证工作质量呢？

我当然有自己的观点，我觉得我的做法是对的，为什么呢？因为我有很多赚钱的机会，但他们没有；我到哪里都可以"刷脸"，但他们不行。所以，我更希望团队成员有成长，有高收入、高回报。

先对齐价值观，再讨论换位思考

一直以来，我会尽可能做到换位思考，但要做到真的很难。而且，哪怕是尝试着进行换位思考，也有一定的前提——价值观一致。如果两个人价值观都不一致，那他们一定无法做到站在对方的角度想问题。就好像我是卖女装的商家，如果我一定要把女装卖给男士，那不是在浪费时间吗？我只有将其卖给女士，才会有高销量。

我有一个闺密，40岁，离过一次婚，有一个11岁的女儿。她离婚之后，只想享受爱情，交往了一个小她很多的男朋友，两个人各方面都很契合，爱得死去活来。只不过，男生和女生的想法不同，她男朋友很想结婚，然后生一个孩子。

女："你要理解我，我现在不要婚姻，只要爱情。"

男："我没结过婚，怎么理解你？我理解不了。"

女："为什么一定要结婚？为什么一定要我生孩子呢？我也生不出来了呀。"

男："你为什么不理解一下我呢？我就想要孩子啊，我也理解不了你为什么不要呢？"

他们两个都要求对方进行换位思考，都理解不了对方，但两个人还很相爱，这就是痛并快乐着。男生没有经历过婚姻，更没有经历过生育，他不知道这是一件很庞大、很复杂的事。女生经历过了,她就不想再经历一次了。

他们的情况就属于价值观的冲突,是大冲突。这样根本性的问题,是改变不了的。如果一定要在一起的话,就只能有一个人妥协;如果两个人都很强势,都不愿意妥协,那最后的结局可能就是不欢而散。

以向善为出发点去换位思考

在价值观一致的前提下,换位思考时还需要一个出发点,那就是向善。比如,当你做一件事情时,出发点是好的、助人的、利他的,那么你做的任何决定都不会出错。

之前,有一个电视台的姐姐联系我说:"安妮,我们下个月要做一场活动。"我说:"好。"简单沟通之后,这件事情就过去了,大家也忙忘了。大概在活动开始前一天,我突然想起了这件事,就问她:"姐姐,我们好像明天要做活动。"谁知,她情绪激动地说:"你是在给我安排工作吗?做活动你也不安排,等到最后一天了才跟我说。"

当时,我心想,这个人好神经啊,你不是我的领导,既不给我发工资,又不给我钱,凭什么说我呢?我的第一反应是,要把她的联系方式删了,但细细想了一下,她在深圳媒体界有一定的影响力,删了她的联系方式并不妥当。于是,我没有那样做,反而想,她这样讲话应该是有原因的,背后或许有我不知道的事情。

于是,我私信了她的秘书问:"秦姐姐怎么那么大脾气,她是怎了？"秘书说："秦姐有些事情没有做好，被领导批评了。而且她已经把这两天留给你们了，结果你这边没有来人，搞得她明天一天就浪费了。"我说："那你们也没人找我呀。"她说："不好意思，助理忙得没时间和你们联系，秦姐以为助理和你们对接了，而且助理也没有联系她，是助理失职。"

事情弄清楚了，原来是助理没做好中间的联络工作，才导致了这样的局面。如果我稍微有点儿脾气，可以直接不理她，但这样做，对双方都会有所损失。

想到这里，我又主动联系她："秦姐姐，对不起，我太年轻了，没有处理好这件事。我了解了具体情况，知道您承受了很多压力，我应该主动一点联系您的。现在才7点多，我带团队过去一起筹划，明天可以搞定一切，您看怎么样？"在整个过程中，我都站在她的角度上去思考，放低姿态，把情绪调整到最佳状态。

最终，这次小摩擦，不但没有让我丧失友情，反而给我带来了一段非常好的人际关系。有一次，在她主办的一个活动上，有好多明星走秀，我坐在了角落，她看见我后大声呼唤我的名字，还把我拉到主位落座。活动结束后，她拉着我合影，并把修好的照片发给了我。所以，在一段关系中，越能替别人着想，就越能赢得别人的欢迎。

一个情商高的人，会有向善的出发点，他心里装着温柔和善意，让人时刻感受到被照顾。高情商的人，懂得设身处地，站在对方的角度去想问题。只有站在对方的立场，才能知道他真正的想法和需求。

<u>记住，对别人最好的东西，不是你认为最好的东西，而是别人最需要的东西。</u>

做好情绪管理，获取向上的力量

对情绪的管理能力，是衡量一个人成不成功、幸不幸福的重要指标之一。人之所以幸福，不是因为得到了多少东西，而是学会了与一切负面情绪和平相处。

我们在向上学习时也要注意管理和引导好情绪，这样才能让我们的表达更有魅力，也有助于更快实现我们的目标。

与低层级能量的情绪和平相处

焦虑、抱怨、自责、伤心、郁闷等情绪，能量层级非常低，首当其冲的是谁呢？当然是我们自己。在生活中，你是不是时常被自己情绪的波涛所牵引、所左右？我们该如何做，才能不让自己陷入无谓的自责与内耗当中呢？

首先，要接纳负面情绪的存在。情绪，是真实客观存在的，是我们离不开、扔不掉的。人没有情绪的话，活着就没有意义了。悲伤也好，焦虑也罢，都是很正常的情绪，千万不要想着消除或者控制负面情绪。当我女儿哭的时候我会说，负面情绪是你的一部分，它本身并无好坏和对错之分，你要学会表达，想哭就哭，想难过就难过，但不要想着控制它。

其次，不要无限制沉浸在负面情绪里。我自己也是一样，难过、郁闷的时候，我会受这种情绪的影响，但我都会给自己设定一个时间，避免陷在里面太久走不出来。比如，我家小狗去世了，我很悲伤，但我不会因此一蹶不振，放弃自我。我会告诉自己，悲伤可以，但最多不超过3天。

小狗去世这件事，就像放在我心里的八音盒，每每想起，八音盒就会打开，我的心就会流泪。这种时候，我会一次次地告诉自己，以前流泪3天，现在流泪3个小时，未来流泪3分钟。它会伴随我一辈子，但我会逐步把时间缩短。

我们离不开情绪，但也不能让它失控，不能让它变成实现梦想的障碍和陷阱。读书、运动、跑步、逛街、看电影或者找朋友聊天，都是疏导负面情绪的好方法，能让糟糕的情绪在短时间内得到疏解。当不良情绪来袭时，我希望大家能够静下心来，放下自己的评判和猜疑，客观地看人、看事，尽情地释放自己，享受自由的感觉。

管理好他人情绪的小经验

一个高情商的人，在管理好自己负面情绪的同时，也善于察觉别人的情绪，并采取相应的行动来缓和气氛。在这方面，我也有一些小经验。

一次老同学聚会，我和一位朋友在聊天。他是一个很激进的崇洋媚外者，我是爱国主义者，在聊到体制问题时，他很坚持自己的观点，认为他一定要出国，他的孩子也要出国。而我认为，我一定要在国内发展。于是，我们有了一些争执。

当时，他通过提高的声量、急躁的语气和夸大的肢体动作，让我感受到了他的情绪。看到他的表现之后，我想，聚会的目的是叙旧聊天，氛围要和谐有趣，而不是争辩输赢，不能因为观点的不同而把关系搞砸。

所以，我尝试去管理他的情绪，用到的方法是，讲一些"说了等于没说的话"。什么意思呢？就是我虽然说话了，但是我没有认同他的观点。比如，我要是说，美国挺好的，你可以去美国。这个就是说了话；我要是说，每个人都有自己的选择，都可以选择适合自己的生活方式。这个就是说了等于没说。一个高情商的人，在识别到自己和他人的情绪后，会进行适当的管理和引导，而不会任由情绪随意爆发。

向上学习

摆脱束缚，在不同场景中灵活运用不同的沟通方式

当然，需要注意的是，我们在管理情绪的时候，方式要灵活一些，不要让自己被固有的方式束缚住，毕竟越灵活的人才越容易占据上风。

我朋友生孩子的时候，新房子还在装修，她妈妈又远在国外，所以她坐完月子后就和婆婆住在了一起。她婆婆是大学教授，非常强势。

有一天，朋友下班回家，婆婆对她说："今天给宝宝喂了两勺蜂蜜，宝宝喝得可好了。"虽然她是一位新手妈妈，但平时也会看一些新闻，关注育儿常识。她知道，一个月的小孩儿是不能喝蜂蜜的，如果小孩儿消化不好，会有猝死的风险。

她立马急了，脱口而出："蜂蜜？会死人的！"她婆婆一听，"啪"地把手里的碗摔到地上，说："死什么人，我带大两个儿子都没事，就你儿子有事？你们吃我的住我的，还对我这么凶，你给我滚。"

她立刻就蒙了，还从没有被人这么骂过，以前没和婆婆住一起时，婆婆也没骂过她。她稀里糊涂地离开了家，然后给老公发消息："你妈骂我，叫我滚。"她老公满不在乎地说："哎呀，没事儿，我妈是个纸老虎，明天一早我跟你一起回去，买点水果哄哄她，这事就翻篇了。"

第二天一早，她带着水果来到婆婆家。当时，婆婆正在吃饭，她和老公坐下来准备一起吃点儿东西，她刚准备喝粥，婆婆来了一句："你还敢喝，不怕我毒死你？"老公接住话头，说："哎呀，不要说了，翻篇了。"吃完早饭，他去上班了，家里只剩下了婆婆、她，还有月嫂。

婆婆在客厅看电视，月嫂在房间看孩子。她心想，才过了不到一个星期就这样了，以后该怎么过呀？说翻篇也没翻篇呀，骗我！如果你是她，你要怎么做？

她想了想，解铃还须系铃人。于是，她到厨房倒了一杯茶，端给婆婆，但婆婆没有理她。她说："妈，对不起，我错了。我是第一次当妈妈，心里太紧张了，昨天没有注意语气，我给您道歉，您别怪我，我知道您也很担心。"婆婆听完就哭了，说："我昨天快急死了，跑到医院去，就怕把你儿子给毒死了，你说我容易吗？"她很清楚，婆婆也是好心，但是女强人不会主动示弱，那就只有自己先示弱。从那以后，婆婆再也没跟她红过脸，对她更好了。通过这件事，她明白了和婆婆的相处法则。

相处法则一：婆婆是领导，要用哄领导的方式哄婆婆。很多人说，婆婆就是儿媳妇的妈。其实婆婆更像是领导的角色，可以用哄领导的方式来哄婆婆。

相处法则二：对婆婆尊敬的同时要学会勤俭持家。这是什么意思呢？老年人不介意家里堆满东西，但东西不能贵，贵了她会说你败家，所以你不要送贵的东西，就送米、送盐、送充电宝、送暖宝宝等一些实用还不贵的东西，为她的生活锦上添花。

人与人之间的相处，越灵活的人越占上风，该示弱就示弱，该道歉就道歉，拿到你想要的结果好过于死要面子活受罪。我朋友想要的结果是有人帮她看孩子，这样她可以上班。如果婆婆真的跟她断绝关系了，她就得天天带孩子，那她可能会很焦虑。要得到这个结果，她宁可灵活处理，也不要与结果背道而驰。所以，她并不在意是自己先低头还是婆婆先低头。

请记住：经过调节的情绪，可以转化为向上的力量，也是我们了解别人、了解自己的一条非常好的路径。我们不妨试着把调节情绪作为一个自我完善的渠道或者资源。当我们能够真正做自己情绪的主人，而不是做情绪的奴隶时，我们的内心自然会享受到真正的愉悦、宁静和自由。

赞美得法，与厉害的人建立紧密关系

真正情商高的人，在人际交往中往往都是善于赞美的。牢记以下三个原则，向优秀的人、厉害的人学习时，你就会越来越从容，越来越自在。

原则一：走心地赞美，为自己加分

赞美是什么意思？是单纯的夸奖吗？那做起来岂不是很容易？其实，这是很多人的误解，赞美和夸奖不是一个意思。夸奖是比较粗浅、简单的。比如，你今天的衣服颜色好衬你，这个发型也很帅。这是简单的夸奖。

赞美是走心的，是发自内心对他人的一种真诚夸赞。比如，一个人帮助了别人，可以说，你今天帮助了那个朋友，让他渡过了难关，这件事情让我感觉很温暖，深圳真的是越来越有人情味儿了，我越来越爱这座城市了。

对比之下，我们可以发现，赞美比夸奖多了一步，就是一定要发自内心，真诚地夸赞对方。当你没有用心表达感受的时候，就不要赞美，言之无物或者言过其实，只会适得其反，甚至让别人怀疑你别有用心。

曾经我有一个同事，他不好好工作，整天只会赞美我，一会儿夸我衣服好看，一会儿夸我能力突出，这种方式的赞美，就不是出于真心的，让我怎么听都感觉不舒服，甚至让我对这个人产生了太世俗、太功利的看法。

通过这个故事，我想告诉大家的是，当我们想要赞美一个人的时候，一定要用心，就像我每次写文章的时候，都很用心，我会先想哪些地方感动了我，想清楚之后再动笔写，这样的文字哪怕没有逻辑，没有套路，也是感动人的。在用心的同时，如果有自己的核心竞争力，那就更好了。有能力的人赞美会加分，没有能力的人赞美会减分。如果你一无是处，再多的温柔也是廉价的。

原则二：主动赞美，把它变成一种习惯

赞美是更深层次的表达，是可以打开对方心门的钥匙，更是与优秀的人相联结的一个枢纽。但以前的我，完全"躺在被赞美的温柔乡里"，不太习惯主动表达赞美，收到的赞美远远多于表达出去的，并没有意识到赞美的重要性。直到一次，遇到了一个优秀的男生，他改变了我的想法，让我知道赞美是可以被训练出来的。

那一年，是我向上成长的关键一年。当时，我参加了个人成长的课程，班上有一个男生，总是毫不吝啬地赞美我，表示对我的尊重、认可和喜欢，说得我心花怒放，让我每天都处于开心的状态中。比如，我跟他讲，感谢你帮我做那件事情。他会说："不用感谢我，感谢你自己，因为你实至名归。你根本就不知道你有多优秀，能够帮到你，你不知道我有多开心。"

大家发现了吗？这种赞美不是奉承，也不是故意讨好，而是在举手投足间体现着对我的肯定。"飘了"的我很愿意跟他待在一起，大家也都很喜欢他。他像个开心果一样，总能给人带来快乐，这让我羡慕不已。

我就想，我也要像他一样学会赞美，让自己收获更多的友谊和肯定。但是我一聊起天来就会忘记赞美对方，突然讲两句话又感觉很假。这怎么办呢？正好，老师让每一位同学定一个目标，我给自己定的是：一年内赞美 365 个人。通过把这种能力植入信念里，我强迫自己做到，慢慢就养成了赞美他人的习惯。

原则三：赞美＝情节＋细节＋价值观

通过一年的训练，我发现了赞美的方法和逻辑，总结出一个套路：赞美＝情节＋细节＋价值观。

赞美像讲故事一样，需要有情节、细节和价值观做支撑。那什么是情节、细节和价值观呢？

情节就是发生了一件什么事情；细节是细致的描述；价值观是对

方身上值得学习的特质。用这个讲故事的套路表达赞美，基本上屡试不爽。

一次放假，我一个星期都没出门，但依然要坚持完成"每日赞美一人"的任务。我想到一个在深圳非常有影响力的男士，可是我们不太熟，并且两年多没打过招呼了，我该怎么赞美他呢？

从来不看重面子的我，鼓足勇气给他发了私信，先用比较礼貌的用语"您在吗？"打了个招呼。他发了两个惊讶的表情回我，说："秘书长有啥指示？"我说："有件事想跟您说，对您来说可能微不足道，对我来讲却非常重要。"他更加紧张，发了几个流汗的表情，并说："有啥指示？"

我说："两年前，我怀孕去人民医院做产检的时候，天气很热，有300多个孕妇在排队。出来的时候看见您和太太在排队，我还对您开玩笑说，您这个大老板，怎么还亲自排队呢？要不要我给您安排一下？结果您跟我说，没事儿，安妮，天气这么热，还有这么多孕妇，我们不给别人添麻烦，我们排队。您当时的举动，在我心中埋下了善意的种子。从那次以后，我经常对自己说，要像您一样谦卑，低调，有爱，有格局。深圳有您这样的企业家，有您这样低调务实的创业者，是深圳的荣幸，我要向您学习。"

我这次比较"冒昧"的赞美，就使用了"情节＋细节＋价值观"的模式。我用情节＋细节讲了一个对我有影响的故事，同时，通过展现他的个人价值观，表达了他的一些行为如何点燃了我的内心，成为我学习的榜样。通过这次赞美，我跟他的关系变得更近了。我出第一本书时，他买了800本，当时很多人都觉得不可思议。没想到一次小小的赞美却收获了意想不到的果实。

很多人掌握了赞美的套路之后，难免会有疑惑，这种套路和"用心表达的原则"是不是相违背？直接"套"进去的话，还要用心表达干什么呢？

实际上，用心一定是用套路的前提条件。如果你用心赞美一个人，那套路只是一个比较规范、规整的表达而已；如果你只用套路而不用心表达，你的赞美是没有灵魂的。

要记住，不是高情商的人都懂得赞美，而是会发自内心赞美的人都有高情商。只要能发自内心赞美别人，那你的情商就不会太低，也可以让你不断收获新的友谊。

遇到沟通难题，回归底层找方法

实不相瞒，我已经在社会上摸爬滚打了很多年，但依然会遇到一些沟通难题，一时之间不知道如何解决。

在生活中，你是不是也遇到过沟通困难的场景？出现过因为不会拒绝而内耗的情况？和别人起了矛盾冲突时，你知道如何解决吗？在与优秀者打交道时，如何讨得对方的喜欢呢？以上的这些问题，对你来说是沟通的难题吗？你有解决的办法吗？

所有的沟通难题，都有解决办法。最关键的一步是，回归底层，化繁为简。

讲故事让沟通变简单

有一次，我参加一个重要的会议。领导突然点我的名说："唐秘书长，你作为海归人员工作者,能不能说一下,为什么海归人员现在要逃离北上广,逃离深圳,要往内地回流?"这个问题很敏感,我不能乱讲,因此,一时之间,我真的不知道该怎么回答。但稍微冷静下来之后,我突然想到了一个方法:但凡遇到一些刁钻的问题,就用讲故事的方式来回答。

我是这样说的:

"各位领导,大家好,我叫安妮,从事海归协会工作 13 年了。

"我刚回来的时候,深圳还是一个发展中的城市。每次出差开会、考察的时候,对方都会问:'Where are you from(你来自哪里)?'

"2006 年,我们都说:'I am from a city next to HongKong(我们来自香港旁边的一个城市).'但现在,我会对他们说:'Do you know Huawei? Do you know Tencent? I come from a city with Huawei and Tencent(你知道华为吗?你知道腾讯吗?我来自有华为、有腾讯的那座城市).'"

这就是我的回答,实际上我并没有直接回答他的问题,而是用讲故事的方式说了另外三个关键点:

其一,我说出了我对深圳的认同。我相信当时参加会议的,都是认同这个城市的。

其二,我讲了我对深圳、对祖国的热爱。作为一名海归人员,我表明了我不会离开深圳这座令我骄傲和自豪的城市的态度。

其三,我讲了我会为这座城市人才的回流,为确保人才留在深圳做点儿贡献。

我用讲故事的方式,把大家对这座城市的质疑,对海归群体的质疑,化解成了我对这座城市的热爱,以及未来要做的贡献。

拒绝别人的五个重要原则

对于很多人来讲，拒绝是另一个沟通难题，想拒绝又不敢，但又不知道该如何拒绝才能不伤和气、不被孤立和反感。在我看来，很多人不敢拒绝，是害怕失去别人对自己的喜欢。实际上，拒绝是有艺术的，有以下五个原则需要遵守：

1. 不要有负担，该拒绝就拒绝

比如，你的员工想涨工资，或者你的领导安排你做一些目前不适合做的事，你认为该拒绝的就拒绝。

2. 答应别人的时候要犹犹豫豫，拒绝别人的时候要斩钉截铁

果敢的态度，会让对方觉得你有思想，也已经思考清楚了拒绝的后果，这会让你的拒绝更有力量。

3. 拒绝后要学会承担责任

很多人害怕拒绝，是因为不愿意承担责任，总是想着"万一我拒绝他，他不喜欢我了，他对我不好了，他不给我工作怎么办？"检验一个成年人是否成熟的标志之一，就是能否对自己的人生负全责。当你想清楚了，愿意承担责任了，拒绝也就不重要了，不管是什么结果，你都愿意承担，自然就不会在拒绝这件事上摇摆不定了。

4. 拒绝要为目标服务

我从不认为拒绝是一件难事，因为我始终以目标为导向，我拒绝某件事情肯定是为了实现我的目标。打个比方，如果领导让我去上海定居，我肯定会拒绝。因为，我的目标是做一个与深圳一起发展的社会活动家，我要在深圳生根，而领导把我派到上海便改变了我的目标，所以，我该拒绝就会拒绝。但是拒绝之后，我可能会失去这份工作或错失机会。但没关系，我会承担所有的后果，为我的人生负责任。

所以，那些因为该不该拒绝而痛苦的人，其实是由于目标不清晰，或者在信息和认知方面出了问题。当你明确了目标和价值属性，面对该拒绝的、想拒绝的事就斩钉截铁地去拒绝，因为你的拒绝肯定是为了更好地实现你的目标，节省更多时间。

5. 拒绝要有理有据

拒绝的时候不是单纯说一句"我不去"，还要说清楚原因，当你不说清楚为什么拒绝的时候，对方就认为还有沟通的空间。

领导安排我去上海定居，在拒绝他的时候我就会告诉他原因。第一，我未来的人生发展规划在深圳，我的家庭、朋友、生活关系都在这儿。第二，我的孩子还小，我不想错过她的成长。因此，短期内我暂时不会选择做影响家人和家庭团聚的事情。

我的理由足够充分，领导也不好强迫我接受他的建议。在很多人眼中的拒绝难题，我轻而易举地化解了。

化解矛盾冲突的三个步骤

还有一种比较难的沟通场景，是和其他人产生矛盾冲突。不妨问一下自己，你是如何既不影响人际关系，又不伤和气地解决矛盾冲突的？

很多时候，我们与他人的矛盾冲突，其实只是立场不同。比如，同事之间或者部门之间的矛盾冲突，都是立场不同造成的，把立场明确之后就能有效减少矛盾。

同事之间经常会因为各种各样的事情吵闹，在处理这个问题的时候，我通常会按照三步进行：

1. 让他们抽离

先把这个事情放下，让大家不要因为工作，不要因为立场不同影响其他关系。我会告诉他们，立场不同的问题永远不会消失，我们能做的是尽量妥协、协调。

2. 让他们自己解决

成熟的人要学会把握和了解矛盾，同时控制和处理它。我不会介入其中，同事的问题得由他们自己解决，如果我每次都干预，就把自己变成了保姆，他们的能力永远不会提升。

3. 我会告诉他们讲规矩

比如，我会让大家遵守三好原则：你好，我好，大家好。不能有人身攻击，不能谩骂他人，不能有不当的言论。我提前把标准定好，让他们在标准之内快速解决冲突，化干戈为玉帛。

与领导沟通的三个小细节

除了拒绝和化解矛盾冲突，在向上学习的过程中，我们也会遇到另一种比较难沟通的情况，就是当我们想和对自己很重要、很尊敬的人建立联结时，但又怕做得不够好、不到位，得不到他们的认可。

这种情况下，我通常的做法是"投其所好"，即以对方认为比较舒服、比较喜欢的方式沟通。比如，我在和领导沟通交流的时候，并没有抱着让对方喜欢我的心态去交流，但不论是男领导还是女领导，他们都很喜欢我。我也疑惑过，但经过一段时间的观察和反思后，我发现自己做对了很关键的一点：不求对方喜欢，只希望对方接纳，毕竟接纳是喜欢的第一步。想做到这一点，有三个小细节要注意：

1. 听话比实力强更管用

一般来说，领导喜欢听话照做的人，哪怕他们不是最聪明或者最有实力的人。有一天，朋友教了我一招，当一个领导可能要调整职位时，要跟他说，领导您放心，不管您到哪儿，我永远是您的部下。

2. 话太多反而不讨喜

在领导身边，不要讲太多的话。你可以多虚心请教，表达你谦卑的态度，但不要话太多，认真听、努力做就好。

3. 适当的装傻也是一种聪明

有的时候，不要显得太过机灵，否则会让对方心有防备。此外，我们也要根据对方的性别在形象气质、行为举止等方面做出调整。在女性领导面前，我们要尽量表现男性的特质，如做事情很麻利，逻辑思维、总结能力很强；在男性领导面前，我们要打扮得优雅得体，注意形象管理等。

以上这些，是我和领导相处的一些经验，希望我们在和优秀的人、厉害的人打交道时，能够做到以不变应万变。

向上学习

人生就像一出戏,因为有缘才相聚。人生可能没有完美的剧本,但是可以有完美的演技,每个人都可以拿到自己人生中的"奥斯卡金像奖"。

沟通的时候,我们不必过于认真和较真,稍微轻松一点儿,无须太在意输赢。当我们以一种轻松的、欢乐的状态看待一些问题的时候,会发现,人生除了生死,其他都是擦伤。

第三章

做人做事靠谱，让优秀的人主动靠近你

靠谱，是做人的最高境界，也是我们对一个人最好的评价。

靠谱，就是超强的执行力和"不迟到"

什么是靠谱？我眼中的靠谱就是两点，一个是超强的执行力，另一个是"不迟到"。

为什么会把这两点作为评判标准呢？举例来说：上午，领导突然交给我一份文件，但没交代完成时间，我一般会立马完成。一两个小时之内完成交付和在一周后交付，效果是完全不一样的。短时间内交付，领导会觉得你做事速度快且有交代，即使要修改也还有时间调整；如果一周后完成可能中间会有其他新任务插进来，影响当前工作的进度和效果。因此，在我的观念里，立刻完成任务，能给人留下良好的印象，取得最佳的效果。

当然，知易行难，为了能够在生活中一直践行这两个标准，我还给自己设计了一个座右铭：现在马上立刻，并设置成手机屏保，时刻督促自己做事情不拖延、不拖沓。

为什么需要超强执行力

践行的过程中,我体会到了执行力强、速度快、不拖延的处事风格给自己带来的一些好处,归结为一点就是:让我有更充足的时间做自己。

超强的执行力,可以让我实现时间自由。比如,我一天要完成10件事,慢慢做的话,可能要做到晚上8点才能结束。但如果不拖延、执行力强,可能下午5点就可以结束。那剩下的时间就由我自由支配了,我可以陪伴家人、可以读书、可以画画、可以学习、可以运动,仿佛比别人多了很多时间,我的人生也变得更加丰富、多元了。

超强的执行力,在缩短了工作时间的同时提升了团队效率。现在,很多事情并不是一个人就能完成的,而是需要一个团队协同才能完成。如果你具备超强的执行力,提前完成了计划,那是不是对团队来说效率也提高了呢?所以,超强的执行力在提高自己效率的同时,也缩短了别人的工作时间,进而提升了组织和平台的效率。

超强的执行力,让我能快速得到领导的认可。刚毕业时,我进入了国内某上市公司做总裁助理。我发现领导很喜欢速度快、做事麻利、能给他完美结果的员工。我就"投其所好",训练自己用这样的方式工作。久而久之,我养成了这样良好的工作习惯。

我是超强执行力的受益者,时刻享受着超强执行力所带来的好处,希望大家也能够意识到这点并且着力去提升。

向上学习

快速且保质保量地完成工作任务

当然，执行力强虽然与速度快有关，但这只是基础，在此之上保证质量才是根本。所以，执行力强的标准就是，快速且保质保量地完成工作任务。

以前，我有一个秘书，是一个女孩儿，我特别喜欢她。喜欢的理由是什么呢？简单来说，就是我交代给她的所有事情，她都能在最短的时间内完成。比如，我刚和她交代完帮我做完这份文件，可能我出去吃个饭的工夫她就做完了。她这种认真负责的工作态度，超强的执行力以及高质量的工作表现，非常符合我的行为准则，并让我有惊喜感。

我有一个助理，平时上班经常迟到，但执行力从不"迟到"，只要告知她一件事情的重要性，她就一定会按时完成。比如，我交给她一项任务，告诉她这个方案是给领导看的，需要在两个小时之内完成，那么，不管是半夜还是早上，不管她在吃饭还是在睡觉，只要她收到信息，就会立马帮我完成。

我还有一个助理，和她们截然相反。虽然她也可以很快完成任务，但她喜欢东拼西凑，完成的效果令人大失所望，需要再改很多遍才能达标，这一点让我很不满意。所以，交付工作成果不是快就可以，也不是完成即可，而是要快速且保质保量地交付领导想要的内容。

提升执行力的四个关键点

知晓了执行力的标准,了解了执行力强的好处,那我们该如何具备超强的执行力,让自己看起来很靠谱呢?主要有四个关键点:

1. 学习身边优秀人的好习惯

我平常会随身携带一个记事本,把每天、每周、每个季度的工作都写上。带助理的时候,我让她也准备一个小本子,要求她把我交代的每一项任务都记上,把要见的人、约定的时间等都写清楚,确保每一项工作都不会遗漏,督促她出色地执行。有一次,助理对我说:"安妮姐,我跟了你7年,这个小小的本子用了6年,我的工作从来没有遗忘过,而且会按时完成。"

2. 设定要求和规则

我的团队成员基本上都是海归人员,为了提高他们的执行力,我曾经制定过"迟到、拖延就罚款"的规则。我本以为,那些爱迟到的员工应该会有所收敛,但结果让我大跌眼镜。一个同事被罚了8000多元,但他还是继续迟到。对他来讲,罚就罚,无所谓,该迟到还是迟到。

这个现象让我意识到,批评、惩罚不一定能够取得正向的、想要的结果。那些不愿意被罚的人,本来也不经常迟到,能按规定坚持朝九晚五地上班;而那些有能力、家里条件好的人,则对罚款这件事情抱有无所谓、不在乎的态度。因此,对团队管理来讲,提高执行力的方法是要帮他们找到规则。

比如,我想让助理做到不踩点、不迟到、不早退或者提前到,那我会比她早到，然后等她，这样无形中给她增加了压力。同时，我在告知她时间的时候也会尽量提前，比如，10:00开会，我会告诉她9:30，这样会加强她的时间观念，并逐渐做到提前准备。

3. 设想执行力带来的成果和效果

当你具有超强的执行力时，它可以带给你成功、成果和喜悦，这会对你的成长有一定的促进作用。比如，我的秘书刚入职时，工作也很拖拉。我对她说，如果你工作拖拉，可能要做到22:00乃至更晚；如果你速度快，执行力强，就可以不用加班，甚至17:00就可以下班，我允许你这样做。当你的工作技能提升了，你的薪水也会提高，财务状况才会得到改善，你将会有更大的成长空间。这就是超强执行力带来的成果。

4. 做好时间规划

高手与普通人之间的差距就在于时间差，人与人的区别就在于是否能够高效地完成工作，用"多余"的时间发展兴趣爱好和培养个人特质。一旦把时间规划好，把事情做对，并提升工作效率，就会有很多空余时间来完成你人生中更多的目标。很多人都问我："安妮，你是不是有一个助理团？"（大家都觉得我有七八个助理）我说："我只有一个助理，一个秘书。我的秘书不做我的私事，不帮我处理那些琐碎的事情，我的助理只做大项目对接。"

其实，写作、旅行、组织活动、陪伴家人等都是我一个人完成的，而这主要得益于合理的时间规划。

靠谱，是做人的最高境界，也是对一个人最好的评价。如果能和靠谱的人同行，请一定要珍惜。

高效且靠谱，快速与优秀的人联结起来

学习，是有周期和效率的。如果一个月能学完 1 门课程，一年就能学 12 门，如此高的效率是不是很加分？是不是感觉这个人很靠谱？的确，高效可以让我们更好地向上学习，让他人觉得你更有诚意、更上进、更努力、更有朝气，是一个不错的合作伙伴。

为了让大家成为高效人士，我们需要知道关于高效的基础性概念，才能更好地实践，释放自己的潜能。

高效做事的三个前提

高效做事的前提一，是专注

很多人做事既拖拉又盲目，一会儿做这个，一会儿做那个，没有办法在一个时间段内专注完成一件事情。但高效的人截然相反，他们能够在对应时间内专注地完成每一项任务。

高效做事的前提二，是具有较强的理解能力和总结能力

比如，领导让我完成某项任务，执行的前提是听懂他在说什么。如果我的理解能力和总结能力不够强，那么我可能连领导讲的话都听不懂，那我交给领导的东西就极大概率不是他想要的，可能就会一遍遍修改。这就是不高效的表现，也是不靠谱的表现。

提升理解和总结能力确实很有必要，以下两点大家不妨参考一下：

第一，养成提问的习惯。当你感觉自己的理解和总结能力不够强的时候，不必慌张，这其实是你积累经验的过程。没有工作到一定年限，没有接触过各种各样的人，你就很可能无法理解他人话语中全部的含义，有一些遗漏也是正常的。但是，大家还是要勇于提问，遇到不懂的问题就大胆提问，千万不要怕问的问题很幼稚。一个好的提问，能给人启发，让人思考、觉察、总结。我们可以通过刻意练习，逐步向标准靠近。

第二，反复确认，简单总结。在听完对方的话之后，我们可以先把对方的话复述一遍，然后用自己的话总结陈述，最后用向第三方传达的方式再说一遍。这个小技巧不但可以拉近彼此好感，还能避免出错，同时也是在锻炼自己的表达能力，可谓一举三得。

高效做事的前提三，是保持理性

做事情高效的人，还会对任务按照"紧急、一般、不紧急"的情况进行分类，会有条理、有主次地完成任务，而不会花费太多时间在一些不必要的情绪发泄和内耗上。

这三个只是我们养成高效做事习惯的小前提，要想在具体的行动上有所体现，还有很关键的一步是养成良好的时间管理规划习惯。

我的时间管理方法

2019年，我管理着30多人的团队，做了600场活动，经常有应酬，工作基本上排得很满，但是我没有丢掉生活、家庭和朋友，还陪伴了家人，每周运动2次，一年之中去了7个国家……在坚持习惯方面，我有一个原则：能保证60%的习惯就是一个优秀生。一日之计在于晨，早起是个不错的习惯。我基本上会在6:30起床，但不会每天都早起，一周保证4天即可。比如，我晚上喝了酒或者应酬了，那我第二天就不会早起，会选择多休息一会儿让精力逐渐恢复。

早起并不是起来就行，重点在于对一天的事情进行合理规划。有孩子的家庭都知道，孩子一旦起来那家长这一天就"废了"。我女儿经常在7:30或8:00起床，只要没有重要的事情，我都会陪着她。那我只能在6:30—7:30这个时间段内，对自己的工作进行规划。

要想不浪费时间，还需养成随手记笔记的习惯。很多人说，现在各种电子产品层出不穷，用它们记不是更高效吗？或者，大脑也可以记下来。但这两种方式我都不是很推崇，反而更倾向于使用传统的纸质笔记本制订计划。

我认为，用电子产品做规划，你记的内容很有可能会被覆盖，随后忘记这件事情。而大脑有两个功能，一个是用来思考，另一个是用来记忆，这么优秀的"资产"怎么能只用来记忆呢？当然要用来创造！所以，要把能够用笔写下来的记忆从大脑中分离出来，解放大脑，让它有更多的空间进行思考和创造。

纸质笔记本有着这两种方式都无法替代的优势。写在纸上，加深了我们对这件事情的印象，完成后用笔画掉，这个印记也会加深我们对事情的判断。我有一个本子，大概有365页，可以放在包里随身携带，已经用了12年。一年的工作计划、每周要见的人，我都会记在本子上。我甚至觉得，哪怕丢手机、丢钱包，也不能丢了它。

设立目标，拆解目标，量化到每日任务。很多人跟我说："安妮姐，我上了很久的时间管理课，看了好多书，还是管理不好时间。我好苦恼啊！究竟是哪里出了问题？"在我看来，管理不好时间的关键一点是，很多人没有目标。时间管理是为目标服务的。不管是一年赚100万元，还是每年读100本书，每月跑50公里，都可以是目标。

2016年，我想出书，但是没有足够的时间和精力写作。当时我女儿刚两岁，每天21:00—22:00需要我哄睡，因此，我只有22:00—24:00两个小时的有效时间，怎么写完这本书呢？

于是，我制订了一个3个月的写作计划。我计划利用9—12月这三个月完成一本10万~12万字的书，每篇文章大概3000字，共40篇。我将目标拆分，要想一个月完成13~15篇，每周就要写4篇。结合我的时间，每周一、周三、周五、周日的晚上我可以写作，周二、周四我可以进行接待和应酬。但是，周一、周三、周五、周日晚上各写一篇的前提是有足够的素材，那收集素材这件事情只能白天来完成且不能占用我太多时间。于是，我就利用每周一白天的空余时间，把大纲、思维导图写下来，晚上就能奋笔疾书了。

我是一个不达目标不罢休的人。晚上女儿睡觉后就关灯了，为了不让电脑在黑暗房间中发出的亮光影响孩子休息，也为了完成我的目标，我想了一个方法，我把被子蒙在身上，"藏"在里边写。

一个人的成功，不是一蹴而就的，而是通过一个个目标的实现来达成的。我达成目标的方法是，把一个庞大的目标进行拆解，先拆到月，再拆到周，最后拆成每天都要完成的一个小任务。

另外，还有一个很重要的方法是做价值观排序。什么是价值观排序？每个人每天的时间都只有 24 小时，不可能确保所有的事情都做到、所有的目标都实现，能做好的只是当下最重要的事情。当你选择了价值观里最重要的事情后，也要承担放弃不重要的事情带来的后果。**选择，是在对自己而言都同等重要的事物中，择出一个最优项**。那么，如何不焦虑、不纠结地快速选择，可以遵循我一贯的做法——价值观排序。

举个例子，我女儿 3 岁时上幼儿园，正是需要父母陪伴的阶段。有一天，幼儿园里组织亲子运动会，恰巧，那天还有深圳市领导的考察接待任务，我作为秘书长需随行介绍。面对同样重要的两件事，我陷入纠结，一时不知如何选择。很多朋友对我说，可以不让女儿参加运动会。但我想了想，对于 1~3 岁的小孩子来说，成长阶段的任何关键时期最好都不要错过，而且我也对她承诺过不会错过关于她的任何重要日子。我直接跟领导说，孩子有点事情，我需要陪她，可能要 11:00 才能到。领导也没有说什么，只是让我尽快。

当天，我先参加了幼儿园的活动，结束后就开车前往公司，陪同领导考察。我在路上就把运动装换成了职业装，到达公司见到领导后，我解释了原因后便随即进行交流。

很多人浪费时间，不是浪费在规划上，而是浪费在焦虑和纠结上。所以我们千万不要在焦虑和纠结上浪费太多时间，要学会做价值观排序。

在那个阶段，我的价值观里最重要的事情是陪伴孩子，哪怕失去工作都没有关系。既然选择了陪伴孩子，我就愿意承担所有的后果。当你有了这样的信心和信念时，你就不会纠结，反而会更高效。

靠谱的人，做事情都比较高效，而高效也可以帮助我们快速地向上学习，更快地与优秀的人取得联结。但请记住，原地不动就是在退步，我们要与过去的自己赛跑，和过去的自己比较。一旦发现自己哪方面做得不好了，做事慢了，就要想着去调整，让自己每天都可以进步一点点。

自我升值，强化他人对自己的信任感

之前，我特别不会看人，也因此吃了很多亏。为此，我给自己设立了一个目标：学会看人。目前，这个目标还没有完全实现，但经过多年的历练，我认为，看人还是有逻辑可循的。

如何选出靠谱的合作伙伴

1. 做事情有交代，对结果负责任

侯小强的《靠谱》中有一句话，"靠谱的人会吸引靠谱的人"。我当时认为这个观点不太对，因为我就是一个很靠谱的人，但为什么我身边的朋友执行力都不太强，还喜欢迟到呢？

比如，古典是我的好朋友，他做事情很拖拉，拖拉得我都快要跟他绝交了。原本，他答应为我的第四本书写一个序言，但我的书都要出

版了，序的影子还没见到。我就对他说，序言再写不出来，朋友没得做了。事情反转得也很快，我一发火，他马上就把序言写出来了。

这个事情给了我灵感，我尝试着从反面逻辑进行了思考，发现了我和这些朋友的共性：过程虽然不一致，但结果一定是一致的。他们做事的过程很拖拉、很随性，但结果是能够在规定的时间内完成任务的，也很靠谱。原来，侯小强的观点是有一定道理的。

2. 看他与人为善的态度

在选择合作伙伴之前，我会注意一下对方对待陌生人、朋友、其他合作伙伴的态度。我倾向于选择善良、友爱、仁慈的伙伴。如果他对合作伙伴，对陌生人都很善良、友爱，那他一定会善待与他共同打拼、并肩作战的搭档；如果他对身边的人都很苛刻，那可能未来我与他合作时也会遇到同样的问题。

3. 看事情的未来走向

合作的前提是合作项目有前景。比如，有人找我合作夕阳产业领域的项目，我明明知道这个项目前景不乐观，那即使对方为人再靠谱我也不会选择与之合作。

这三点只是我选择合作伙伴的标准，但千万不要忘记，选择优秀的人的前提，是让自己变得优秀。为了选择靠谱的合作伙伴，我们自身首先要靠谱，要时刻保持"超强的执行力"和"不迟到"这两个小原则。做到这两点，你基本就会给对方留下一个好印象，对方不选你还能选谁呢？

把握向上合作的边界感

除此之外，要想给合作伙伴留下靠谱的印象，我们在沟通时也要把握一下边界感，千万不要越界而不自知，导致合作破裂，就有点得不偿失了。把握边界感，我们需要注意以下两点：

1. 不要忘记合作的初衷和目标

比如，我跟 A 合作是为了赚钱，那我们就奔着实现长期盈利的目标就好了；如果我和 B 合作是谈理想、谈规划，不求短期内看到收益，那就不要把目光盯在经济效益上。不要和对方说，"你怎么不工作，还去旅游了？都没有认真赚钱"。想一想，当初你们合作的初衷是拓宽视野，打开市场，并没有以短期盈利为目的，是你的方向和重点错了，才会做出很多越界的事情，让自己一直痛苦。

2. 不要对合作伙伴抱太大的期望

找合作伙伴和找结婚对象的底层逻辑是相通的，对方婚前有多少优点，婚后就会有多少缺点，合作伙伴也是一样的。就像现在海归协会的会长，他是我的搭档，同时也是一个普通人，也有各种各样的缺点，我从没有过度美化过他。有时候，为了某一个项目，我们会出现分歧，甚至争吵起来，但是争吵之后还能好好相处，因为我们都是为了协会好，彼此也都认同对方是愿意为目标努力奋斗的人。

所以，不要把合作伙伴当成超人，他不是无所不能的，要学着一分为二地看待。但包容有一个前提——你们有一个共同的目标，有一个共同要达成的愿景。这才是有意义的。

向上学习

内部成员的成长路径

当然,我们与外部人员合作的同时,也不要忽略与内部成员的沟通。我总结了一套很好的方法,既可以实现团队和谐、高效合作,也能让自己更值得信赖。

思想政治课能让团队同频共振。如果你想让团队成员靠谱,让大家都努力工作,那你就先要把大家的频率调为一致。怎么调呢?我的方法是,每周一上午给大家上一堂思想政治课,给团队"植入"我的价值观,让团队成员实现同频共振。我主要会和员工聊一聊为什么工作、为什么要努力工作、未来工作要达到什么样的程度以及未来的发展规划。我要让员工知道,他们不是在为老板工作,而是在为自己工作。我要让大家知道,想升职,就要先自我增值。

我是一个很务实的人,做不到的事情从来不讲,做得到的就会和大家分享方法和逻辑,让大家知道这个方法可能会赚钱、收获人际关系、赢得社会尊重。

比如,我的那个爱迟到的助理,她是一个很内向、不喜欢交际又比较自我的女孩儿,家庭条件也很优越。她刚来上班时对我说:"安妮姐,我是要创业的,最多待1年就会走。"但她一下待了7年。

有一天她私信我:"安妮姐,这是我工作7年的成就。"她向我展示了一条朋友圈,内容是:请问在深圳办证,哪里不用排队?这条朋友圈的下面有100多条回复,回复的人有上市公司老板,有企业家,有政府领导等各种各样的人。从这件事中我看到了，她按照我的方法行事，拥有了良好的人际关系，得到了大家的认同。

鼓励个体崛起，让每个人活出自我。我带团队有一个逻辑，就是效仿凤凰卫视。凤凰卫视为什么能出名且一直有名气？因为它有窦文涛，有陈鲁豫，每个人都是知识达人，每个人都自带流量。我和团队讲，如果你们每个人都可以成为流量达人，都可以成为圈子内有影响力的人，那我们这个团队就会变得无懈可击。

优秀，是需要永不停步地去追逐和拼搏的一个特质。一个人再好、再有善意，如果身上没有一些优秀的品质，就不会得到别人的尊重和信任。所以，如果你想要取得别人的信任，本身要具备一些优秀的品质。但优秀需要被看见，需要得到大家的认可，否则就真的是"孤芳自赏"，埋没在幽深的巷子里了。

那么，我们该如何释放优秀品质呢？我一般会通过三种方式：第一通过文字，第二通过语言，第三通过视频。以文字为例，我会通过写日记的方式来展现我的优秀品质。虽然日记是写给自己看的，但每当有自己感觉写得好的日记时，我一定会发朋友圈，让大家知道我一直在写日记，并且养成了习惯，持续坚持了2883天。这就是优秀被看见的一种表达方式。

长得漂亮只是优势，活得漂亮才是真本事！我们为何不活出自己的精彩人生呢？

有效沟通和反馈，对自己的结果负责

在我的团队里，有一类人是我非常不喜欢的，那就是不管谁说了什么话、做了什么事，他们都会来告诉我。经常是，"安妮姐，小张刚刚把方案做错了"，"安妮姐，小王又和客户起矛盾了"，然后就没有下文了。我每次都会问他，你的建议呢？换作是你怎么做？请给我你的解决方案。表面上看，这类人很注重沟通，但实际上就是个传声筒。

什么是有效沟通和反馈

要想做一个靠谱的人，在沟通和反馈的前边要加上一个前缀——有效。有效的沟通和有效的反馈才是每个人都想要听到的。毕竟，在快节奏的工作状态下，没有人想听一堆没有重点、没有解决方法的话。

我经常对团队成员说，在职场上每个人都是对结果负责任的，我不需要传声筒，不需要任何人巴结我，只希望你们拿结果说话。那有效沟通和反馈的标准是什么呢？是带着思考和解决方法，其中有三个小原则要适当注意一下。

1. 沟通要以目标为导向

沟通有两种类型，一种是无聊的沟通，即随便聊聊；另一种是有方向的沟通。大多数情况下，我们的沟通都是有方向、有目标的。比如，今天我打算和某个人谈合作，会提前设想一个沟通机制，如果得到了反馈，会看这个反馈是不是和预期的目标一致，看结果是不是自己想要的，如果不是再进一步沟通。

2. 给沟通设置一个期待值

对于沟通，我们要设置一个期待值，凡是达到了这个期待值，就是一次有效的沟通。比如，我刚刚出了一本书，想让一些达人帮我做宣传。我可能给 10 个人发了信息，但不期待所有人回应。我给自己设置 50% 的期待值，只要 5 个人能回应，我认为这次沟通就是有效的。

3. 反馈要尽可能完善

一般情况下，我会分 3 次给出反馈，本质是确保自己的思考过程充分且完备。比如，我写了一篇文章，我觉得现在写得很好，隔两三天再看就会发现有一些不太适合的地方需要调整。反馈也是如此，要给自己多一些时间思考。

在很多人看来，这个习惯可能不太好，但我为什么还会养成这个习惯呢？除非一件事情有标准，能找得到官方答案，否则要从多个角度进行思考，这样给出的反馈才是完善的，才更有利于事项的推进。

比如，我刚开始可能是从社会学的角度给出的建议，随后又想到了人类学的角度，再之后又从历史学的角度提出了一些建议。但每次改的内容都是一个迭代，都是一个升级，会越来越好，越来越客观且全面。

有效还是无效，结果是最好的例证

在做到以上三个小原则之外，要想做到有效的沟通和反馈，还有一点很重要，那就是对结果有保证，对结果负责。

保证结果的前提下，对过程进行有效沟通。我工作的时候有个特点，不太干涉过程，但会关注过程，一定会让团队对结果负责。

我经常跟同事说，我是你的资源，是来帮你解决问题的，在过程中会尽全力帮助你们，但是我不能接受临时说不行。比如，我们团队近期要做个大项目，我会和负责项目的同事说："这个项目由你来做，给你两个月的时间进行筹备，其间你可以随时向我要人、要资源、要钱，但我不能接受也不允许活动开始前两天却通知我搞不定。"

遇到不确定的情况，一定要及时沟通。要想对结果有保证，就要确保不确定的情况能够快速得到解决，这分为两种情况：

1. 与平台核心价值相反的问题要及时沟通

比如，我是从事社群、社团管理工作的，可以理解为服务性行业，这个行业的根本财产和价值就是人。所以，人开不开心、客户是否愉悦、会员是否满意，是我最关注的问题。我觉得，会员投诉、反馈重大隐患问题，这一类与人相关的问题绝不能怠慢。简单来说，就是要关注所在平台的核心价值，如果核心价值是产品，那质量问题一定要及时沟通和解决；如果核心价值是服务，那与客户相关的问题就需要及时处理。

2. 突发情况一定要及时沟通，团队的力量强过一个人

比如，我们做一个大项目，突然主持人生病来不了，这怎么办？一种方法是及时沟通解决，临时协调主持人救场；另一种方法是做好备选方案，提前预约一个主持人。

除了和员工、同事、朋友要进行沟通，我也有与领导、客户、榜样、偶像进行沟通和反馈的情况。很多人的心声就是"好难啊，不敢说，更怕出错"。其实，你大可不必把事情想得那么复杂，客观真实地汇报过程就好了。

做好沟通中的过程管理

我在和自己欣赏与尊敬的人沟通时，他们给我的评价是靠谱能干、有效率、情商高。将这些词综合起来，我认为是"有交代"。

什么叫有交代？比如，有一个领导对我说："安妮，我有一个小孩儿刚毕业，想找一家靠谱的企业工作，你来帮着他筛选一下，投投简历。"处理完之后，当天我会告诉领导这件事情的进度："领导您看今天我投了3家企业，暂时还没有收到回复，我会随时保持跟进，随时告诉您情况。"过了3天再汇报，"有一家回复了"，隔了5天再汇报，"又有2家回复了"。

为什么我能够做到有交代，最简单的一个方法——做好过程管理。对过程和进程进行汇报是非常有效的反馈机制。但凡是领导交代我的任务，我都会主动汇报，让他们知道我在做，包括做的过程、目前进度以及最后的结果。哪怕这件事情是做不成的，我也会让他知道自己努力了、尽力了，但是没有拿到结果。这样他也不会责备我，而且我在他心中也会留下靠谱的印象。

可是，说起来容易做起来难，很多人还是会有顾虑，认为对方毕竟是领导，是比自己优秀的人，这样做是否会打扰到领导。我觉得这种想法也是没必要的，原因有三：其一，既然他让你做这件事情，就说明这件事情很重要，需要落实。其二，你只是让他知道这件事情在跟进且你很重视，你们的价值观是一致的。其三，发条信息汇报工作只会出现两种情况，第一种，他看了之后很开心；第二种，他看了之后无感。如果他看了开心，你在他心目中的印象就加分了；如果他看了无感，也不会给你减分。

总之，及时沟通和反馈，是一个让彼此充分了解的过程。不要怕麻烦，今天我麻烦你，明天你麻烦我，才能让关系得到滋养和升华。

"不起眼"的细节，决定一个人的靠谱程度

我们生活中每天发生的事情，都是由一个又一个小细节组成的。细节虽不起眼，但往往是决定成败的关键，我们苦苦寻求的成就人生的机会，可能就隐藏在一个个细节当中。

我发现身边很多同事会出现粗心大意的情况，比如，丢三落四、遗漏工作任务，而且还不以为意。我是一个不能接受细节上出错的人，尤其是原则性问题。但为什么同事会经常出现这样的情况呢？原因很简单：不用心，不够重视。

关乎未来，就会加倍重视

忽视细节最典型的表现就是文字材料错别字多，这不是单纯"马虎"一词就能给自己开脱的。

曾经，我的一个下属给领导写了一份报告。当时我很忙，没来得及仔细看，也没有过多询问，心想检查那么多遍了，应该问题不大，结果却出了意外。报告里出现了一个错别字，导致我被领导训了一通。在我眼中，这就是不用心、不重视的表现。

我后来反思：为什么这个员工总是在这些小细节上出错？我发现这个人做事情粗心大意，和我的价值观不符。如果这个报告关乎个人生死，关乎企业在一个平台的存留，他还会出现错别字吗？答案是一个都不会有，关乎未来，就会很重视。

还有一种细节性错误是我不能接受的，就是对待工作的态度。态度分为两种，一种是对待工作的态度好，能够很好地拿到结果；另一种是对我的态度好，但工作没有结果。

在我看来，第二种就是不良的工作态度，这类人把精力放错了地方，认为讨好老板就可以了，但他们并没有尊重工作，没有重视工作。我曾经辞退过一个女孩儿。当时我说："我是什么样的人我很清楚，你不需要拍我马屁，不需要讨好我，甚至可以不跟我问好，但是你一定要拿结果说话。"

此外，我也不太能容忍执行力方面的细节做得不到位。其一，我会从项目的有效性、及时性方面，考虑这个人在我团队的重要性。比如，在我们周五做完一次特别活动后，我要求马上产出活动文案宣传，如果负责这个项目的同事周一上班再做和他在周五立马完成交给我的感觉是不一样的，我从中也能发现他对待工作的态度。其二，逻辑性是评估一个人有没有能力的指标。比如，同事跟我说："这个事情有三个问题，其

一、其二、其三，最好的解决方法是先沟通。"同时，他再给出一个他的建议。我认为这就是一个值得培养的、有能力的人。

以上是我对身边同事的要求，但我觉得要想成功、有所发展，做更好的自己，我们应该将"不在细节上出错"作为人生的信条。

永远不要在细节上出错

一个人在某些方面很强，在另一些方面就可能很弱。我在刚刚大学毕业的时候，在细节方面做得不够好。曾经有一次，我因为不够注重细节，错失了宝贵的机会。从那以后，我时刻会提醒自己：永远不要在细节上出错。

当时，我刚刚毕业回国，在一家单位实习，领导特别喜欢我，觉得我长得好看、口才好，想让我当年会主持人。但我有一个短板，人一多就可能把名字搞混。在那次年会上，由于领导的名字长得很像，称呼领导的时候也都是叫全名，导致我把名字叫混了。领导很生气，认为我很不重视。从此我就告诫自己，细节虽小，但很重要，绝对不能出错。

那么，我们如何才能真正有效地做到重视细节呢？我有一个方法，就是把注意细节变成一种习惯。它简单易学，只不过需要一个学习的过程。

把注意细节变成一种习惯

对于普通人来说，在注意细节方面，我的第一个建议是，知道自己想要长期发展的领域、方向，确定之后用心对待。我们要知道自己在这个领域的所作所为，每一个举动都可能会影响自己未来的职业生涯和人生轨迹。

第二个建议是，细节要持续重视才有效。我刚入职的时候，有前辈告诉我，一定要注意细节。比如，当你打印完文件时，你要把文件按照顺序整整齐齐地放好，而不是零散地堆在一起；当你存放重要的招投标文件时，你要仔细检查文件是否装订完整，并确保文件没有污损，放进文件夹里妥善保管；当你准备日常的汇报材料时，你要确保文件装订好，便于阅读。

经过前辈的教导，我意识到，细节真的很重要，而且要做到时刻注意细节。因为，如果我只是偶尔注意细节，那么我就很难把一件事情做细、做实、做好；如果我坚持时刻注意细节并把它内化为自己的习惯，"注意细节"这一点就能成为我的加分项，能够有效地帮助我更好地处理工作和人际关系。

那我们要如何做到持续重视细节呢？其实，没有什么特别好的办法，无非就是"听话照做"。我们可以给自己制定一个标准，强迫自己做到。比如，我把"注意文件的装订"写在便利贴上，并贴在最显眼的位置，时刻提醒自己要注意这一点，这样我就会不自觉地注意这个细节并形成习惯。所有的坚持，到最后都是一种强迫性的努力。当你强迫自己坚持做好某件事情到一定程度时，这件事情就会变成你的习惯。

第三个建议是，注意细节的形式可以随意变换，但要保持一个长期心态。通俗理解就是，注意细节的形式可以是短期的，但保持注意细节的心态应该是长期的。比如，我很喜欢公司的环境和氛围，我会定期给公司的花浇水，对打印过的纸张进行二次利用，我独自在公司加班后会检查一遍公司的灯、空调是否已被全部关闭。当我换公司时，我还是会按照自己的习惯和对小细节的把握去做这些事情。虽然，我可能会随环境的变化而调整自己所需注意的细节，但是，我会始终保持注重细节的习惯，这种心态便是长期的。

在养成关注细节的习惯后，你就会发现，这样的好习惯会有效地帮助你提高工作效率，提升你待人接物的能力。注意细节这一点，无论是对你的工作还是社交，都大有裨益。

第四章

精准社交,联结高价值的学习对象

平等的交往,高质量的社交,发生在能量相当的人之间。

向上学习

最大化核心价值，你就是最好的社交平台

曾经，我听过一场北大教授的演讲，他讲的一个故事让我感触颇深。他们学校组织了一场舞会，校领导、系主任及有兴趣的同学都参加了，校花也参与其中。

副班长对班长说："班长，你长得那么帅气，应该请校花跳舞。"班长说："年级长在，我怎么能和她跳？应该年级长去邀请。"

班长去问年级长："年级长，你该邀请校花跳支舞吧？"年级长说："校长在场，当然得校长去邀请。"

年级长又去问校长："校长，您应该邀请校花跳支舞吧？"校长说："不行不行，校花应该跟年轻人跳舞，怎么能跟我跳？"

结果，整场舞会下来，竟然没有一个人邀请校花跳舞。

这个故事告诉我们一个道理：越优秀的人越要占据主动权，否则你就成了大家都想结交但又都不敢主动靠近的那个人，只能像校花一样孤零零地坐在座位上。

与其坐以待毙，不如主动出击

小时候，我很不善于社交，也不善于站到台前表达自己，这与我的生活、学习环境有一定的关系。

小学阶段，我的成绩突出，面容姣好，还是班干部，老师都很喜欢我；初中阶段，我是学生会主席、文学社社长、广播站站长。那时的我，可以说是一个"在聚光灯下长大的孩子"。

可是，上大学后，我发现一个让人诧异的现象：很多初中、高中时期的尖子生，走入社会后只能做一名普通职员；那些上学时成绩不怎么好的学生，毕业之后反而更容易出人头地，有所作为。

我也是"在聚光灯下长大的孩子"，难道我的宿命也是成为一名普通职员，每天按部就班地生活、工作吗？不！这不是我想要的。我更希望成为一个有影响力的人，带动更多的人拥有更好的生活。

诧异之余，我开始认真思考，为什么上学时成绩好的人，进入社会之后反而追不上一般人的脚步。经过一番思考，我发现，其主要原因就在于成绩好的人往往不懂社交。就像我在上学的时候，不但不认为社交很重要，反而认为社交占用了我的学习时间。因此，我不会主动出击，也不会迈出社交的第一步，更不会争取自己想要的东西，不知不觉间便失去了很多机会，错过了很多资源。

想清楚其中的缘由之后，我给自己确立了一则信条：主动和比自己厉害、优秀的人交朋友，向他们学习，通过他们提高我的认知，让他们成为我开阔视野的一扇窗。

进入社会后,我更加清楚地意识到,社交的本质就是价值交换,当你本身不具备价值,没有能力维护人脉和资源的时候,你再主动、做再多的社交也没有多大用处。所以,在主动社交前,我们需要具备一些特质,简单地说就是三点:有颜、有德、有料。

为什么是这三点呢?在我看来,有颜是敲门砖。不管是男性还是女性,这个世界只审美不审丑,没有人有义务透过你邋遢的外表去洞彻你纯洁的内心。当然,有颜不只是说脸好看、长得漂亮,而是要干净、利索、清爽、精致,时刻注重自己的形象。有德,是指自己在与别人相处的时候有礼貌,注重品德。有料,就是自己能为他人提供的价值,比如,经济价值、情绪价值、情感价值等。

你优秀了,自然有对的人与你并肩。这就像"你若花开,蝴蝶自来"一样,优秀的人会相互吸引,相互靠拢,所以,千万不要停下让自己变得优秀的步伐。

人脉不是求来的,是被你的优秀吸引来的

曾经有一段时间,深圳很多国际学校的家长都邀请我去做演讲。他们在送孩子出国学习还是在国内学习之间犹豫不决。我会问:"你们的顾虑有哪些?"有的家长说:"我送孩子出国,可以让孩子感受西方文化,体验西方的学习氛围,可是,如果送他出国,等他毕业回来,他在国内就没有他之前的同学那样的人脉资源了。"

家长有人脉资源方面的忧虑时，我通常用一个观点劝解他们："人脉不是求来的，而是被你的优秀吸引来的。当你不优秀，认识谁都没有用。"

大疆创新科技有限公司的创始人汪滔就是一个很真实的例子。他为了实现自己的梦想，从华东师范大学退学，入读香港科技大学，勤学苦读。学业有成后，他前往深圳创业，在只有20平方米的库房里成立了大疆公司，熬过了"七年之痒"，最终以全球首款消费级航拍一体无人机震惊业界。之后，他带领大疆先轻取欧美市场，再转战国内市场，最后登上了民用无人机市场"武林盟主"的宝座。

大疆成了家喻户晓的无人机公司，汪滔也成了优秀的创业者。全世界的海归人员、华人华侨、企业家来到深圳时，都想去大疆参观。可见，当你变得优秀后，人脉自然而然会向你靠拢过来，你自然就会具备聚拢人脉的能力。如果当下你的自身实力还不够强大的话，你与其花费大量的时间、精力、金钱去积累人脉资源，倒不如先投资自己，让自己强大起来。

要知道，优秀的人，自己就是最好的平台。对于当下的年轻人，我真心地劝诫大家，不要将大把的时间花在攀附高端的社交人脉上，而是应该专注于提升自己的能力和完成本职工作。以我为例，如果我只做深圳市海归协会的秘书长，做一个纽带，而没有核心竞争力，那么，即使我有再多的光环和身份也都是虚空的，在别人眼中，我都是不靠谱的。实际上，我不仅把协会做得很好，还举办了几百场活动，在关系维护方面也做得很到位，我做到了让领导喜欢、员工欣赏、客户满意。这样，我就有了讨价还价的底气，就可以大胆地置换社会上的一些资源和人脉。

很多人也想变强大、变优秀，却找不到好的方法。其实方法很简单，第一，自律；第二，养成好习惯；第三，先去做，让自己足够强大了再考虑社交。

如果你想快速成为一个知识达人或意见领袖，你该怎么做呢？方法也很简单，就是保持一种谦卑的心态去学习，去请教，而不是抱着让对方给自己提供资源和机会的心态进行联结，这样会显得你的目的性很强，让对方产生被利用的感觉。

以我为例，我目前出版了四本书，每天都有粉丝加我微信。我最喜欢接触的，是求知欲强、学习意愿特别强的那一类粉丝。如果粉丝跟我说："安妮老师，我看了一段文字，你说故事要打动观众，要抓住观众的心智，我想请教一下具体的方法。"我会很开心、很愉悦地回答问题。但对于只打招呼的粉丝，我基本上不会跟他们有深度的交流。毕竟，只有同等能量的人才能相互识别，也只有同等能量的人才会相互吸引。

我们要想联结高价值人脉，除了要主动社交，让自己变得优秀这两点，还有一点很关键：找到自己的核心价值，并实现最大化。

社交的本质是价值交换

社交的本质是价值交换。社交前，我们一定要先知道自己的核心价值是什么，然后持续深耕并且让全世界都知道。

深耕核心价值。比如，我最擅长联结人与人的关系，这是我的核心价值，我就要在这方面深耕。具体如何做呢？我要做三件事：第一件事，帮海归人员找工作；第二件事，帮海归人员对接政府；第三件事，帮海归人员找资金。但凡你有小孩儿要找工作，可以来找我，我可以帮忙；但凡有企业招聘海归人员，也可以找我，我能解决。当你让自己的核心价值"落地生根"时，这就成了你的王牌，是无人可敌的。有一点要注意的是，千万不要说，你什么都会，什么都有，这等于你什么都不会，什么都没有。

给价值加上放大器。当你知道了自己的核心价值，且这个核心价值是很多人不能取代的，那你就要让它实现价值最大化。这是什么意思？比如，我要认识更多的海归人员、更多的企业、更多的人，同时让更多的人知道我有这样的能力，这就是在放大我的价值，逐渐实现他人对我最大限度的认可。

没有什么怀才不遇。被人看见，被人认可，是一种能力，不是每个人都能做到的。我一直不认可"怀才不遇"的说法，在我看来，有才华、有能力的人，一定不会守株待兔，一定会主动出击，让自己成为一匹千里马，创造机会和伯乐相遇。如果你真的认为自己怀才不遇，那么就说明你根本没有想过要创造机会、争取机会，而是一直等待机会掉在自己头上。

要想更好地社交，你一定要让自己各个方面都变得很优秀，让别人知道你具备某些价值，并创造机会让优质人脉看见你的优秀。也有人会说："我就是不知道自己哪里优秀，感觉自己没有什么价值可以和别人交换。有没有优秀的人都喜欢的品质？"

你知道优秀的人喜欢与什么类型的人接触吗？答案是，能带来生命力的人。如何理解生命力呢？开心是生命力、乐观是生命力、积极是生命力、上进是生命力、奋斗是生命力、努力是生命力……一切积极向上的品质都是有生命力的。当你具备这些品质时，是没有人会拒绝你的。所以，如果你真的感觉自己现在什么品质都还不具备，那你就要努力成为一个具有生命力的人，把自己活成一束光，所有人都会喜欢你。

拿捏分寸感，可以不被喜欢，但不能被讨厌

人与人之间的交往，的确很微妙。有些时候，太过于热情，感觉自己越界了；太过于冷淡，又感觉自己很不讲情分。其实，人与人之间要保持合适的距离，关键在于拿捏好社交的分寸。

如何拿捏分寸感

合适的社交距离如何定义？分寸感拿捏得到位又有什么标准？我的标准是：可张可弛，张弛有度。

一次，我们去一家企业走访，我让同事莉娜带队。有一位领导私信她问："我能不能带两个人来参观？"她回复道："不行吧，今天人已经很多了。"结果可想而知，领导很生气地问我："这个人怎么回事？我要去参观都不行。"紧接着，莉娜就给我发了消息："安妮姐，他为什么非要来？人

已经满了啊。"我说："人家虽然不是我们的主管，但是你也要尊重他啊。"

她加入团队已经很久了，但还是不懂得工作方式要灵活，以至于把自己固定在框架里了。不过，我会一直需要她，不让她离开。大家也许很疑惑，这么死板不懂得变通的员工，留在身边不是给自己添堵吗？其实不然，她的优势是大家想象不到的。

这个女孩儿很特别，很喜欢交朋友。她留学回来后就一直帮家里做事情，但缺少执行具体项目的能力，有时候难免漏洞百出。我曾经给她安排过一个任务，没想到晚上的时候，另一个女孩儿给我发了很多汇报材料，我说："你不是我的下属，不需要跟我沟通。"她说："安妮姐，莉娜教我做表格，我帮她收集资料，您看看行不行，不行我再去找。"这件事情，再次证明了莉娜的执行能力确实有所欠缺，但是，我也从中发现了她的一个长处——具有很强的人际交往能力。她能够通过资源互换、利益共享等方式来调动身边的人的情绪。大家互相帮助、分工合作，可以让工作效率大幅提升。

我反思了一下，与其盯着她的短板不放，倒不如利用好她的长处，帮助她将长处发挥到极致也是一种培养。她在一些工作方面的分寸感拿捏得不够好，但社交的分寸感很好。我就放大她的社交优势，安排她每天考察、走访企业。她喜欢这项任务，这对她来说不仅不会累，反而很享受。对我来说，不仅没有了争吵，还提高了效率。

我经常会参加一些活动。如果不是我的主场，我一般不会让自己光彩夺目而是把自己当作一棵默默无闻的小草。我具体如何做，和邀请人有很大的关系。如果是女性邀请，这位女性才是主角，我的穿着打扮就会朴素一点，挑选一些不太抢眼的搭配，否则会抢了人家的光芒；如果是男性邀请，他可能需要更多优秀的女性在场，那我在服装的色彩搭配上就可以选择鲜艳一点的。

拿捏分寸感，就是张弛有度，懂得在不同的场合、不同的环境做出不同的选择；面对不同的人、不同的位置，能够说不同的话。 简单理解就是，该说话的时候说话，该做事的时候做事，该保持低调的时候保持低调。

向上学习是提升分寸感的最佳方案

那我们该如何更好地提升自己的分寸感呢？从我的体会来看，最好用的方法就是向上学习，找到自己身边分寸感把握得好的人，向他学习。比如，小张在处理客户关系上分寸感比较好，那我就学习他在处理客户关系方面的技巧；小李在和同事交流方面做得比较到位，那我就学习他与人交流的方法。千万不要把自己限制在单一维度上，要从多个方面、多个领域寻找学习对象。

有一段时间，我发现领导特别喜欢一个男孩子，于是认定他是我学习处理关系、待人接物、与人沟通方面的导师。我观察到，每次领导交代任务时，他都会认真聆听，把要点记在本子上，并且向领导确认好要做的工作。处理工作的过程中，他也很用心。他每次都会从多种角度思考问题，查阅很多相关资料，遇到不懂的问题会主动向同事咨询或者寻求帮助。通过这样的方式，他不仅能很快地解决问题，还能为领导提供多个解决方案，让领导既满意又惊喜。

在我看来，他是我要好好学习的榜样。因此，每当领导交代任务的时候，我也会带着笔记本，记下每一个关键点，并且和领导再次确认自己要做的工作和流程，让领导更加放心地把工作交给我。此外，为了提升自己的工作能力，我也尝试着从不同的角度思考问题。起初，这样确实比较难，毕竟，我想出一个角度和方案已经很不容易，但在每一次实践中，我都会有意识地积累经验，就这样，我的想法也变得越来越多维和丰富，工作质量也大幅提升。

除此之外，我们要主动放低姿态，以对方认为舒服的方式进行交流。经常有人来海归协会学习经验，我永远不会说"欢迎您来学习"，我一直都说"欢迎您来指导工作，也欢迎您给我提意见"。

为提升分寸感，向上学习是一种比较快的方式，可是有很多人因为学不到位，拿捏不准，所以他干脆直接放弃了，这样看起来虽然很轻松，但他永远也不能进步。

在试错中修炼分寸感

还有一种修炼分寸感的方式，那就是给自己犯错的机会。发现错误才会有所调整。

多年前，我带一个刚入职的年轻女孩儿去一家企业收集视频素材，对方负责人知道后特别开心，还准备了精美的菜肴招待我们。当时，那个女孩儿刚进入职场，分寸感还不太强，她直接拿起手机想要拍合照。看到这个举动后，我赶紧对她说："在职场饭局的场合中，不太适合拍照，可以等大家吃完饭后，我们找一个合适的场景拍一些。"我想，对于初入职场的人来说，不只这个女孩儿不懂得知情识趣，大多数人也或多或少地犯过类似的错误。比如，有一次，我去新疆出差，看到新疆的美景便忍不住拍照，还发了朋友圈。没过一会儿，朋友圈便有人评论："你去新疆旅游啦？"我本来想直接回复，但转念一想，我到新疆毕竟是为了工作，这样做不太合适。想到这里，我立马把朋友圈删除了。

我想通过这些小故事让你知道，我们在社交中对分寸感的拿捏是通过慢慢试错试出来的，试多、错多，我们也就有体悟了。此外，我们对分寸感的把握从来不是一成不变、千篇一律的，也不是可以复制粘贴的，而是需要随着我们和对方身份、职务的改变进行调整的。

我在这方面吃过一个大亏。以前，我有一位关系特别好的领导，她比我小几个月，我平常称呼她妹妹。后来，她被提拔了，但我们还是会很亲昵地称呼彼此。有一次做活动，我介绍说，接下来有请我特别喜欢的一个妹妹为大家讲话。我走下台之后，朋友跟我说，她整张脸都拉下来了。当时，我并没有感觉有什么不好，也没意识到公开场合下她是一个有身份的人，要尊重她，我跟她的亲密关系是私下的事情，不能在公开场合这样称呼。

我的行为就属于在不当的场合说了不当的话，丢失了应有的分寸感。虽然这是一次不好的经历，但也让我有所收获，下一次我就不会犯同样的错误了。所以，千万不要怕犯错，犯错意味着在进步。只有进步了，我们才能成为更好的自己，才能吸引到那些优秀的人。

不管和谁打交道，我们要知道一条最基本的原则：你可以不被喜欢，但你不能被讨厌，被讨厌之后就很难有挽回的机会了。

向上学习

拒绝无效社交，联结带动你成长的人

很多时候，真正使我们劳累的并不是工作本身，而是一个又一个无用却不得不参与的社交，我把它叫作无效社交。

什么样的社交才算是"无效社交"？这样的场面或许大家都不陌生：你参加了一次聚会，和十几个陌生人问好、自我介绍，全程笑脸相迎，说着一堆自己不喜欢的客套话，还要添加社交软件好友，说着"以后还请多多帮助，多多提携"的话，但第二天你可能就完全不记得谁是谁了。

简单来说，无效社交就是这段关系不仅不会给你带来任何利益，反而一直在消耗你。无效社交参与多了，只会让你越来越没底气，越来越不自信，变得浮躁、焦虑。

无效社交可以分成两种类型：一种是你主动参与的，另一种是被动参加的。比如，我最近主办了一场大型活动，作为主创人的我肯定要参加，但这个社交也是无效的。为什么这么说？因为这次社交既不能积累人脉，也不能为我的成长添砖加瓦，我只是完成任务而已。

仔细想，我们大部分的时间和精力好像被这种"无效社交"占用了，我默默在心里给无效社交设定了一个标准：但凡超过10人，就是无效社交。难不成看一次社交值不值得去、有效与否的标准就是人数吗？当然不是。人数背后的底层逻辑在于收获感。走量不走心的社交和在交往中没有收获、得不到提升的社交，就是无效的。

有效社交的几种类型

有收获，有提升，能够实现彼此双赢的，才是有效的社交。我认为，有效社交包括三种类型：

1. 能激发思考的社交是有效的

在我看来，有效社交是能让我通过与他人的交流，主动思考一些问题的本质，能在交往中找到一些方法和规律，也能让我变得更好，更爱这个世界，或者能给我一些新机会和可能性的社交。

我之前参加过一次社交活动，那次活动让我记忆犹新。当时，参加活动的人不多，现场恰巧有不同宗教信仰的海归人员，我们在一起探讨了生命本质的问题，探讨了关于信仰底层逻辑的问题，对我触动很大。

我发现，所有宗教都在研究"生命的本质是什么"这个问题，不管任何宗教，本质都是要利他，要善于助人。通过这次社交，我思考了生命的本质、思考了信仰的本源，明白了不管一个人有没有宗教信仰，只要他的行为是利他的，能够乐于助人，保持一颗善心，他就会被社会善待。

2. 能助力学习成长的社交是有效的

有效社交是我接触到的人、聊的话题能够满足我对社会、对生命的好奇心，激发起我对世界的探索欲，或者让我在专业领域上有一些提升，打开我的视野。一天晚上，我参加了一个饭局，在场的人有网球冠军、上市公司合伙人、企业高管等。在和他们的对谈中，我的认知得到了提升。我看到了不同人的不同生存方式，每个人都活得多姿多彩，原来生活可以如此多元。

社交不一定是功利的。它可以有很多种功能：帮助事业的成长，加深对生命的思考，培养兴趣爱好等。

3. 能提供情绪价值的社交是有效的

"跟他在一起，我很快乐""跟他们做朋友，让我有安全感，能够放松地做自己"，这样的感受就是情绪价值。情绪价值是我们与对方情感上的联结，是我们跟对方相处时，从对方身上获取到的无价之宝。

能提供情绪价值的社交关系是彼此都享受当下的状态，无关利益，仅仅是跟对方在一起吃饭、喝酒、聊天也很舒服的关系。这样的社交关系虽然短暂，但它带给你的快乐与舒适感却是永恒的，也是有价值的。也就是说，看起来是在浪费时间的吃喝玩乐，却能让你心情愉悦的社交，也是有效社交。

实际上，多数人正在经历着无效社交。尽管过程不开心，他们却又没有勇气逃离，而是压抑自己的真实情绪，勉强自己去迎合他人。人的精力是有限的，生活中能够与你时刻保持密切联络的只有少数人。因此，不要让无意义的社交占据你太多的精力，而要在有效社交上投入我们充足的时间和精力，通过有效的社交联结到自己想认识的人，才能更快地成长。

如何把无效社交变成有效社交

当你还没有拒绝的能力时，不要总是想着自己一直处于被迫的处境中，我们不如做出一些改变，尝试着把无效社交变成有效社交，哪怕是一点点的转变都好。比如，你可以在赴约前了解一下参与社交的人，找一找从中想要学习的对象。社交时，你可以主动向他们表达想向他们学习的态度，尽量在过程中学习对方做得好的方面，未来学以致用。

当你工作达到一定年限，有了一定的能力时，你就尽量不要参与无效社交了。花时间把自己变得更强大，好过参与无效社交。以下是我的三点建议：

1. 关系是互动出来的

对我来讲，关系一定要互动，一旦我们与他人建立了联结，我们就要勇于互动。我每出版一本书，就会赠送给身边的上市公司的老板每人一本。我的态度是，我给100个人寄书，如果有50个人回复，这50个人就是我的有效资源；如果这50个人中有20个人跟我有互动，他们可能就会成为我的铁杆粉丝；如果我不和这100个人联系，他们也许就是我的僵尸粉，彼此不产生任何联系，慢慢地，我们可能就彼此遗忘了。

2. 给自己创造联结优质人脉的机会

二八定律指出，20% 的人掌握着 80% 的人脉资源。想建立有效社交，你需要结识这 20% 的交际枢纽式人物。

这个世界上只有创造者，没有等待者。机会是被创造出来的，而不是被动等来的。因此，你要创造机会和他们认识。那如何创造机会呢？最常见的方法是前往可能结识对方的场景。比如，去书店、咖啡店，或者上某类课程，参加活动，参加商学院、商协会组织的平台，等等。

3. 提升人脉竞争力是一辈子的功课，我们要先修行好自己

我们要想在社交中寻找到想要的朋友，就必须先修行自己。当你足够优秀的时候，别人都会靠近你，你落魄的时候，别人只会躲着你。这个核心价值点，是支撑你未来社交的根本。你一定要找到它、发掘它、成就它、实践它。

世界上有三类人：第一类是忍受变化的人，第二类是拥抱变化的人，第三类是创造变化的人。我们要让自己成为创造变化的那一类人。

最后提醒大家：别让你的社交只有数量，没有质量，请把多余的时间和精力放在你喜欢的事或人上，将你该做的、擅长做的事做到极致，你的世界将会精彩很多，从弯道超车跃迁至变道超车。

真正成就你的,很可能是弱关系

"在家靠父母,出门靠朋友。"善于利用熟人关系的力量办事,是我们日常人际交往的特色模式,这种熟人资源通常来自家人、朋友、同学、同事、客户等。

实际上真的如此吗?答案是否定的。我们一直认为的"利用熟人关系才能办成事情"的观点是错误的。恰恰相反,熟人关系有时候反而不如弱关系的威力大,真正决定我们命运的、能够在关键时刻助我们一臂之力的,往往是那些我们不太熟悉的弱关系。

因为,熟人关系往往是基于相同价值观建立起来的,能够给予我们足够的安全感,让我们处于舒适区,但对我们的助力不是决定性的,而是阶梯性的。

弱关系却不同,它的作用是决定性的。比如,我认识了一个自己很欣赏的人,并与他建立了联系,那我和他就是弱关系了。假设我认识

100个这样很欣赏、仰慕、想学习的人，这100个人就都是我的弱关系，说不定当哪天我需要帮助的时候，他们就会伸出援助之手。对于这些资源丰富的人来说，这也许只是举手之劳。

因此，我们一定要建立弱关系，多培养弱关系，并尽可能与他们产生联结。那么应该如何与这些"陌生人"快速建立联结呢？从我的经历来看，通过强关系联结各领域的"天花板"人物，可以快速定位到目标人群，进而与他们建立联结。

联结弱关系，找个强关系的中间人

如果我们想与弱关系产生联结，那么我们可以先释放信号给身边的强关系。只要有机会，我们就可以借助强关系去联结弱关系。强关系是"中间人"，通过它联结彼此，让弱关系帮助我们成事。

冯唐、吴晓波、樊登都是出版界的"天花板"人物，我想出书的那段时间，很想让他们为我的书做推荐，这样我更容易从一个无人问津的作者变成一个家喻户晓的畅销书作家。于是，我想尽办法与他们产生联结。但我不认识樊登，怎么办？我只能先从身边的人入手。

我的好朋友古典就成了我首先想到的人。通过古典的介绍，我有幸与樊登结识，他就此成了我的弱关系。在我的书出版之前，我时常与樊登沟通，向他表示我的尊重和欣赏。因此，在我的书出版之后，我可以很自然地请他帮我做推荐。

我认识吴晓波之前，先向身边的朋友释放了想要认识他的信号。碰巧，我在深圳有个好朋友，他是某房地产老板，也是一个海归人员。有一天，他对我说，吴晓波近期要来深圳，正好住在他们酒店，他们要一起吃个饭。这个消息无异于天上掉馅饼，我很希望他能带上我，他没有丝毫犹豫就答应了。于是，吃饭那天，我就跟吴晓波坐在了同一张桌子前。我送了他一本书，他也送了我一本书，就这样，我们建立起了弱关系。如果有一天，他能在关键的时候助力我一把，那不就是一件很好的事吗？

用好弱关系，提高向上学习的效率

与弱关系建立了联系之后，我学习的道路更加精准，也更加有效率了。与优质人脉进行联结，是我们向上学习的一个跳板。

在向上学习的过程中，我们有很多学习对象是弱关系，要对他们有清晰的定义和分类。人无完人，我们不能赋予一个人太大的使命，不能说这个人是我们的弱关系，他就是我们要学习的榜样，进而什么都学习他。实际上，或许我们只能向对方学习某些方面的长处，另外一些却不行。所以，我们在向上学习时，要辩证地看待弱关系身上的优势与长处，明确自己想学的部分，对于自己不想学习或者不认可的特点就忽略掉。

接下来的一步是，让他人知道我们"有价值"，而不是"在炫耀"。我以前有个习惯，定期给弱关系发送一些我写的内容和文章，让对方知道我的能力，并且和对方产生互动，给他留下深刻印象。这样做的目的，不是在炫耀我有多厉害，而是让对方知道我的价值，不让对方忘记我，且有需要时可以互相帮助。

此外，我们还要在朋友圈打造自己的核心力。如果微信是我们现在与弱关系联系的唯一载体，那么，我们的朋友圈就代表自己。所以，我们一定要精心策划朋友圈的内容，学会好好经营朋友圈。那具体怎么策划呢？我有两点心法：

1. 展现生命力是经营朋友圈的底层逻辑

优秀者喜欢什么样的人？如果要找到通用的品质，我认为自律的、上进的、积极的、有能量的，像光一样有生命力的奋斗者，是人人都会喜欢的。

知道了这个底层逻辑，我们就要多发一些积极的、努力的、上进的、奋斗的工作状态和生活状态，尽可能给对方留下深刻的印象。

2. 用人品和作品征服这个世界

曾经，有个和尚加我微信，最初我没有通过。后来，他又加了我3次。我才想到，我们好像都在一个学习佛法的群里面，就加上了他。但之后的几天里，他都不说话。后来，他每天给我发些热爱生活、热爱生命之类的内容，而且发的内容从来不重复。

起初，我没点开看，但时间久了，我也很好奇信息的内容，打开看了之后，我才发现内容很有价值，很正能量，确实触动了我。这时，我就感觉他这样做是有意义的。

后来，他有一两个月都没再给我发信息，我很好奇他为什么停下来了，就询问他最近的情况。他说他在西藏闭关，下个月才出山。得知他的情况后，我瞬间心安了。

从这个故事中，我总结出一个道理：只要你输出的是正能量、有效、有价值的内容，别人看了就容易记住，便能给自己创造更多机会。

维护弱关系的三个好方法

弱关系能给我们带来一些价值，我们应该好好维护，具体该怎么去维护呢？

不要过多表达，可以适度分享。过多地表达自己的优秀、能力、优势，是一种打扰。但适度地分享自己的文章、有价值的内容，就不是打扰，而是一种交流，会给对方留下不一样的印象。

关注是一种最含蓄的取悦方式。人性中最深层的渴望，是得到他人的重视。你喜欢一个人，却连他的朋友圈都不关注，还怎么能说喜欢呢？比如，对方在上海，你可以说，"上海现在天气很不错，你可以晚上去外滩吹吹海风""上海最近新上演了一部话剧，推荐你去打个卡"。

前段时间，我到北京出差。一天晚上，我和某基金会的理事长一起吃饭。我们只在两年前见过一次，没想到他对我说："虽然我们只见过一面，但我每天都会关注你的朋友圈，看你去了哪里，干了什么，举办了哪些活动，见了哪些人，感觉你每一天都好充实。"听他讲完这番话后，我深受触动，对他的印象也大大加分。为什么？因为关注是一种最含蓄的取悦方式。要想维护好弱关系，你就需要关注对方，适当给对方一些建议和反馈来增进好感。

请教也是一种好用的联结方式。比如，顺丰的老板王卫是一个佛学高手，我遇到问题的时候会向他请教。樊登读书会出版了一本新书，我会跟樊登说，这本书我要买来好好读一读；或者读完这本书后感触很深，深受启发；或者发一些我对这本书的疑问，向他请教，并期待他给我一些建议。

这几个维护弱关系的方法，是我经常用到的。希望也能给大家带来一些帮助。

超越对错看效果，转危机为建立关系的契机

朋友关系再好，也难免会闹别扭，甚至会因为一些误会、分歧、矛盾让关系恶化。那么，一段原本不错的关系闹僵了，该怎么办？重要的是遵循一个原则：超越对错看效果。

对于值得我处理的社交关系，我一定要拿到想要的结果，先低头也无所谓。对于不值得我处理的社交关系，我会认为我们的价值观不一致，这个人在我生命中不会激起太大的波澜，也就没有必要浪费时间去处理这段关系。

用共赢思维处理危机的三条原则

我面对过一次真实的社交危机。我们协会和媒体的关系一直比较好。有一次，我正在做一个活动，一位媒体的主持人邀请我说："安妮，

你来我们这边做一次分享,介绍你们做的一些项目,我帮你推广推广。"等到要录制那天,我没有时间,就让两个助理去了。

这两个助理都是"90后",思维比较跳跃,性格也很开朗。她们去的时候开开心心,聊的时候轻轻松松,没有把这次分享当作一个严肃的访谈节目,回来的时候还发了一条朋友圈:"嘻嘻哈哈就把访谈做了,原来上电视这么简单啊,也不需要准备,随便开聊就能通关。"

她们有点儿玩笑心态,没有意识到这触碰到了主持人的底线。主持人立马打来电话,劈头盖脸地训斥她俩:"我是给安妮面子才让你们来的。她不来,你们来,你知道我们错失了多少机会吗?而你们还在嘻嘻哈哈,你们觉得电视台是可以开玩笑的地方吗?"

当时,我在外面开会,其中一个助理怕我生气,打电话对我说:"安妮姐,我犯错了。"我说:"咋了?发生什么事情了?"她说:"你不要生气,我知道错了。"我说:"没事儿,你说吧。"她把整个过程和我说了一遍,听完之后,我思考了一下。免费的宣传活动都搞砸了,媒体以后可能不报道我们了,这是次很严重的社交危机。

我想到的方案是,谁的事情谁自己先处理,最终搞不定了我再出面。犯错的人不做处理我先来解决问题,这就坏规矩了。我对助理说:"你主动和主持人道歉,说自己年纪小,不懂事。"她说:"安妮姐,我发信息道歉了,她不接受。"我说:"那就等主持人找我吧。"在这件事情上,我觉得助理虽然有点过分,但是适当警告一下就好了。主持人不至于发那么大脾气,非要闹到跟我们决裂、划清关系的地步。

当主持人打电话过来时,她还是很生气。我安抚她说:"都是我们不对，所有的责任都在我这边，你先不要生气，看看现在我能做些什么事情补救！"她说："朋友圈都发了，很多人都看到了，补救有什么用？"我说："我们先把这件事情处理一下，关于咱们的合作费用，我支付一部分，算是表达我的歉意。等你休息好了，我们再聊。"

我觉得，我已经很诚恳地表达歉意了，也采取了一些行动。我把能做的都做了，剩下的就看她了。我想，如果她还继续生气，那她的情绪管理能力也存在一些小问题，所以，我很快就挂断了电话。一周后，她回复我："安妮，我想了一下，那天我情绪太激动了，有些不妥。你和你助理在处理这个问题上的情商太高了。"

通过这件事情，我明白，当我们面对社交危机的时候，要以共赢的思维方式去处理，并坚持以下三条原则：

1. 先确定过错方，自己犯的错误要勇于承担

错了就是错了，要勇于承认。错了之后还硬说成对的或者逃避，这不仅不利于危机化解，反而会激化矛盾。如果不是我们的错，那也没必要太沉浸在生气、愤怒、悲伤的情绪里，任由自己的情绪发泄，这样只会让关系越来越糟糕。如果对方真的冒犯了你，我觉得最好的方法是以德报怨。

2. 不过度沉浸在自责的情绪里，找到出路

在这件事情上，我和助理说清楚了要如何解决。事情已经发生了，寻找有效的弥补方法，才是首先要做的事。一定不要被情绪牵制，过度责怪他人。我并没有过度责怪我的助理，因为我觉得她只是缺乏一些意识，是无心之举，而且她也表达了自己的担忧和紧张，与其一直责怪她，倒不如一起想办法解决问题。

3. 常怀一颗感恩的心

任何一个帮助过我们的人，都是值得我们感恩的。这件事情过去之后，我要求助理把主持人加进了协会的感恩名单，逢年过节的时候会向她表达我们的感激之情。为什么要这么做？我的一个原则是不管发生过什么，只要一个人让我们成长了，给我们机会了，我们就要抱着一颗感恩的心。

这是一个很好的化解危机的方法。当危机出现的时候，不要无限制地低头。我们既要有姿态，也要勇于承认自己的错误，同时不要纠结于错误本身，寻找解决办法才是好的处理方式。

及时处理不内耗的六点建议

很多人在危机发生后，不知道该如何调整自己的状态，不自觉地陷入内耗之中，就像我的小助理一样，对方不反馈、不回复，她就很紧张。如何及时摆脱内耗呢？在这方面，我有六点小建议：

1. 担忧是彻头彻尾地对想象力的浪费

你恐惧的事情80%不会发生。即便另外的20%发生了，80%不会像你想象的那么严重。如果真的很严重，那么你担忧也不能解决问题。

2. 越害怕的事情反而发生得越快

我希望大家不要把精力浪费在担忧不会发生的事情上。把思想和能量放在你想要完成的事情上，事情很快就会被完成。

3. 接近那些能够带给你光和爱的人

他们会给你力量，会让你感受到前进的动力，改变你一些冲动的、错误的决定。

4. 让自己变得强大是不变的根本

这个世界只会向强者低头，弱者是没有话语权的，我们要做的是持续让自己变得强大。当我们足够强大的时候，曾经伤害过我们的人、讨厌我们的人、踢我们一脚的人，在我们面前就会点头微笑。

5. 做一个有原则的人

一个有原则的人，会得到世界的尊重。对我好的人，我会对他加倍好；伤害过我的人，需要跟我道歉，我才可以继续和他沟通、合作、交流。如果你伤害了我，我还不当回事儿，还希望能继续与你合作，那我会认为自己是一个没有原则的人，这样的我并不讨喜。

6. 所有的危机都是为完善和实践认知服务的

危机并不可怕，可怕的是发生危机后我们不能从中吸取教训、学习和成长。如果经历危机后，你有所改变，实现蜕变和升华，那这个危机就是有价值的。

危机，有危就有机，不确定的背后蕴藏着无限的可能性。祸兮福之所倚，福兮祸之所伏。有时候，危机中会蕴含着一丝生机。因此，我们要学会抓住化危机为共赢的契机。

第五章

选择破圈，拥抱强大的自己

人生的改变，往往从突破圈层的那一刻开始。如果你希望出类拔萃，希望与众不同，却又不是含着金钥匙出生或者天生具有某种天赋，我认为你就应该勇敢破圈。

圈子不断更新，上限一直被突破

大家是不是有过这样的经历：本来不是同一个圈子的朋友，很长时间没有联系了，突然在一次活动上遇见了，彼此会很好奇："你怎么也参加了？你是怎么知道这场活动的？什么时候对这方面感兴趣的？"

是的，真的好巧，怎么会在同一场活动中偶遇？要解释这个问题不难，两个字足矣，那就是"破圈"。

什么是破圈？在我看来，破圈是指我们从现有的圈层走出去，进入一些对自己而言陌生的、新的圈子里，认识一些新朋友，并让他们逐渐认可你，想与你有进一步的联结。

勇于破圈，联结优质人脉

现在的社会发展速度快、信息多，我们想要学习的东西越来越多，每天都身心俱疲。认识多领域的人、进入不同的圈子，真的有那么重要吗？我认为，不断迭代圈子，认识不同领域的人，是快速让自己变得优秀和卓越的方法。

如果要问迭代圈子给我带来了哪些改变，我的回答一定是：朋友圈不断在更新变化，上限一直被突破。我经常和朋友聚会，有一天，一个朋友突然跟我说："安妮，我发现你身边的好朋友每年都在变化。"当时我有点蒙，这是我之前从没注意过的。然后我问自己，我的好朋友一直在变吗？这些年来就没有不变的朋友吗？我认真回忆并思考了一下之后，发现我好像真的没有二三十年都在一起的发小，只有几个相处了十几年的朋友。

为什么会这样呢？我思考之后，找到了答案：朋友有两类，一类是并肩作战的，另一类是随意聊天的。随意聊天的朋友，可以十几年甚至几十年不变；但是并肩作战的朋友，我一定要认真挑选，不断更新变化。为什么这样说呢？十几年的闺密能一直在我身边，是因为我们对彼此的认同和喜爱，但不会涉及事业和人生发展；而并肩的战友可能会在一定程度上决定你的前途、命运与发展方向，挑选难度大，一定要随着自己的状态、目标的变化进行调整。

不过，这也说明了我一直在成长，且一直朝着优秀的方向努力。如果你也想变得优秀，变得卓越，想实现人生跃迁，那你就一定要勇于破圈，敢于迭代圈子，认识更多的人。

可能对很多人来说，破圈是一件比较困难的事情，总是缺乏勇气与自信，不敢迈出第一步。但我想说，破圈是一种选择，如果你想安于现状也可以，但这样你是否还能实现你的人生目标呢？稍微想一想，相信大家就能找到答案。

破圈一定不能脱离目标

之前,我的目标是当一名出色的作家,所以我从海归人员的圈子和人际关系中走了出来,认识了一些文化领域的人,进入作家的圈子中,这样有利于我更快地实现我的目标,对出版一本高质量的图书也更有帮助;当我要创业,让事业实现一定的跃升的时候,我就想办法多认识商业领域的人,与他们交往并了解一些专业知识;当我要攻克政府课题时,我就不断接触一些专家、学者。

也就是说,迭代圈子,认识不同领域的人,一定要和你的目标相关,这样才能更高效、更精准。如果你既没有结婚又没有小孩,你的目标也不是教好孩子,那你就没有必要认识育儿界的专家。这与你的目标不相关,破圈的价值就不大。

破圈,应该是一个持续发生的动作,而不是口头上的简单表态。否则,你只会到处碰壁。曾经有一个人问我,既然破圈那么难,我是不是可以找个伙伴一起进步呢?我认为是可以的。但在实践之前要明确一个前提,由于每个人的成长环境、野心、状态和心境是完全不一样的,因而要考虑你们的起跑线是否一样,目标是否一致。如果是,那你可以尝试;如果不是,那你失败的概率可能更大。

我有一个好朋友,是一对双胞胎中的弟弟。他和自己的哥哥有着迥异的经历和生活。他从小去了美国,在哈佛大学读书,毕业之后回到了国内,是国家的高层次人才。他哥哥则一直在国内读书,毕业之后进了一家国企，后来因单位整顿被裁员了。

试想，弟弟能拉着哥哥一起进步吗？虽然弟弟有这样的意愿，但是他和哥哥的起点和经历是不一样的，很难一起成长。这是一个很复杂的过程，需要双方有着共同的目标，多人共同努力，还需要很多条件配合，才能一步一步实现。

破圈要打破固有认知

没有谁的圈子是天生存在的，那些成功破圈的人和我们一样都是普通人，只不过他们先人一步找到了适合自己的破圈方法。此外，破圈的过程中虽然方法很重要，但是打破固有认知更重要。

破圈是常态化的，不能太功利。突破圈层不能太功利，它一定是常态、辛苦且长远的系统工程，需要不断积累才能实现。我们千万不能有"今天突破圈层就能实现人生财富自由"的想法，要像跑马拉松一样，制订一个长期计划，每天坚持执行，才会有好的成绩。

破圈应随着阶段性计划推进。人是不断变化的，可能你去年的想法和今年的想法很不一样，所以我们要根据阶段性的计划寻求突破。比如，我当前阶段的计划是赚钱，那我可以在财务、经济方面找一些财务自由的榜样；我下个阶段要成为一名画家，那就要有意识地进入艺术家的圈层，积累相关人脉资源。

破圈要基于自身的努力不断进行。你永远不要想"虽然我什么也没有，但是我突破现有圈层就可以实现财务自由了"，这是不可能的。你本身要具备一些特质,无论是与生俱来的,还是后天刻意练习的,可以是上进心、努力、自律,也可以是奋斗的心态和状态。如果你没有任何优点且不努力,总是想着轻松地实现破圈,那你就是白日做梦。可以说,一定是当自己的内在发展到一定的阶段时,在积累了足够的破圈资本后,你才会有更充足的破圈动力,敢于去尝试。当你突破了自己的现有圈层,开始进入新圈层时,就是你突破自身的认知盲区,向"新大陆"进击的时刻。

破圈状态不对？那是你的心态不对！

大家都听说过海伦·凯勒的故事，她曾因身体原因陷入痛苦和迷茫中，但她后来调整了心态，用坚强成就了自己的一生，被温斯顿·丘吉尔称赞为"20 世纪最伟大的女性"。有时候，心态往往可以决定我们的状态，无意识地把握着我们的人生方向。

接纳不适感，是破圈的第一步

心态决定状态，在破圈时也是如此。我在破圈时会让自己保持接受一切的心态。

破圈，意味着改变，意味着你要进入一个不太熟悉的领域，要接触一些不熟悉的人，要学习，要进步，这个过程肯定是不适甚至是煎熬的。让自己从心理上接受和接纳这种不适感，这只是第一步。

接下来，你要接受的是：破圈不是一蹴而就的，而是常态化的一场持久战。你要懂得，破圈是随着个人的进步和成长而呈螺旋式上升的一种状态，不能急功近利。

当你接受了上面所说的这些时，切记不能骄傲自满，因为你离破圈成功还有一段距离。一旦你开始行动起来，就会发现原来破圈也没有那么难，它还会给你带来一定的收益，你要做的就是接受这种收获感，并让自己积蓄起更充足的动力不断去破圈，进而实现人生跃升。

起初，你可能会感到痛苦，面临波折，但最后你得到的结果或许并不会太差。尤其是在我们收获了破圈的成果后，那种感觉甚至让人上瘾。

一直以来，我都喜欢和优秀的人做朋友。从他们身上，我可以学习一些优秀的品质，让自己不断向"优秀"靠近。比如，我喜欢心理学，就学习李中莹老师；我喜欢锻炼思维模式，就学习古典；我喜欢什么就找相应的人学习。直到有一天，我突然发现，那些我曾经仰慕的人，现在都很欣赏我。

有一次，古典心情不好，找我聊天，我在微信上陪他聊了一个多小时。当时，我刚刚学习了做思维导图的方法，马上用这种方式开导他。他跟我说："安妮，虽然我知道你用的是套路，但是聊完之后，我觉得你现在有国际教练的水准，太厉害了。"以前，他是我的老师，都是我向他咨询，但现在我在某些方面竟变得比他还厉害，成了他的老师，这令我既开心又兴奋。原来，破圈的甜头让人如此有动力，如此上瘾。

摒弃三种心态，发掘更深层次的潜能

做好心理准备后，要想顺利破圈，我们还要有从固有的心态中突围而出的意识，发掘出更深层次的内在潜能。

那么，哪些固有的心态应当被摒弃呢？一般有三种：固执、脆弱、退缩。它们会对我们的生活和工作产生极强的负面影响，我们要敢于打破它们。

破圈时，不要有"认为学习就是要成为对标对象"的固执心态。人是不能被复制粘贴的，每个人都是独立的个体，都有自己的特点，而每一个破圈之后实现蜕变的人，都有自己独立的精神属性。我在破圈时并不贪心，在学习某一个人的时候只学习他的某一方面，并精进至优秀。要知道，你不是要完全成为那个人，而是学习他的某些品质，帮助自己有所改变就够了。

破圈时，不要有"因为一次拒绝就丧失信心"的脆弱心态。我发现很多人在破圈的时候放不下脸面，其实面子远没有你想象的那么重要，偶尔损失一下真的没有什么。我第一次私信添加樊登为好友的时候，他没理会我。我并没觉得他伤害了我的自尊和面子，也没有放弃，而是继续私信，表达我对他的尊敬、喜欢和我做这件事的意义。几次之后，他就同意了。

在优秀的人眼中，那些一碰就碎的玻璃心并没有实际价值。我们要让自己的心坚韧起来，放下那无关紧要的面子，勇敢和优秀的人联结起来。

破圈时，不要有"遇到困难就退缩"的心态。很多人把自己限制在某个领域里，觉得自己除了能做好该领域的事，其他什么都做不到，但事实往往是，你以为的极限，有可能只是起点而已。因此，起初你做不到的事情可以再坚持一下。

小时候，妈妈经常对我说，这个不适合我，那个太难了我做不到。如果我活在她的固有思维里，那我就不会知道自己的能力极限，也不会知道自己的优势所在，更不能成为演说家、作家，不能管理那么多企业，不能遇到这个更好的自己。**人生不应当墨守成规，而要不断打破固有边界、不断拓宽疆界。**

每个终点都是新的起点

破圈时不要轻言放弃，你以为的终点，也许是另一个起点。知道自己的极限所在，并不断拉长延伸，这个圈子就会越来越大，你的能力也会越来越强。

深圳市海归协会创立时，发生了一个很有趣的小故事。海归协会的会长是我的初中同学，10年前他劝我做协会秘书长，我说："我没管理过协会，没有经验，不太有把握。"他说："管理协会与管理学生会的底层逻辑是相通的，你上学的时候怎么管理学生会，现在就怎么管理协会。"

为了办好协会，他经常约我见面，有时还和他的朋友一起。我清楚地记得，一次饭局上，在座的10个人里大概有8个人是海归人员，他们条件优渥。相比之下，我只是一个普通的打工人，没资源、没人脉、没钱，什么都要靠自己。除了羡慕他们，我还稍微有些自卑。我不知道怎么和他们交流，十分沮丧。

这样的事情经历多了，我慢慢意识到，虽然我的出身无法改变，但我能改变自己。我告诉自己，不要抱怨，也不要比较，先把自己做好，让自己变得更强大，这样才能帮助更多的人。我始终坚持一个信念：我要着眼未来，盯着目标，盯着成长方向，盯着想要的东西，一点点积累，一步步成长。

10年后的一天晚上，我曾经很羡慕、很喜欢的一位海归女孩儿突然给我发信息："最近听了你的演讲，看了你的书，你的变化太大了。你接触了些什么人？上了些什么课？能不能带上我一起呀？"

这时，我才发现，那些我曾认为高不可攀的人，现在却成了我的粉丝。我从一个自卑到不敢说话的小女生，已蜕变成"叱咤风云的人物"。这一切，都得益于我打破了固有心态，从原本的小圈子里走出来，持续精进自己，提升自己的影响力。

这个世界上没有唾手可得的生产资料，所有的一切都需要自己努力争取。通过努力、奋斗、自律，你也能成为其他人的榜样。

用好圈子，搞定难搞的人和事

圈子对人的影响是潜移默化的。健康向上的优秀圈子能成就有追求的人，低俗消极的圈子则会让我们不知不觉地变成自己不喜欢的样子。

所谓"物以类聚，人以群分"，我们都不希望自己的圈子"乌烟瘴气"，不如听听前人的教导："亲君子，远小人。"如此才能让自己在破圈的过程中不受影响。

遇到小人，离得越远越好

那么，什么样的人是小人呢？在我看来，最基本的标准就是人前一套，背后一套。

我之前经常遇到这类人，在我面前夸奖我说"安妮你真漂亮，安妮你能力真强"。一旦不在我面前，他就立马变了一副模样，直接向领导打我的小报告，说我这里不对，那方面很差劲。这就是典型的小人行径。

我们身边为什么会出现小人？那是因为我们正在变优秀，但我们优秀的程度还不够。如果你堪比马云、马化腾、王卫等成功人士，那身边就没有什么小人了。一是因为他们会变成你的粉丝，敬仰你、羡慕你；二是因为你在自己的认知里已经把他们直接过滤掉了。面对小人时，我一般会遵循三条原则：

1. 不埋怨

我认为，遇到小人是对我的提醒，让我知道现在的自己还不够好，别人有接近我、超越我的可能性。比如，我给目前的自己打 9 分，别人给我打了 1 分，这就存在贬低我的行为。不过，我不会埋怨对方，因为我知道，如果我优秀到让别人给我打 20 分，那对方对我就只剩下仰慕和尊重了，怎么还会贬低我呢？

2. 小人一定要远离

我们要知道，小人是无时无刻不在的，千万不要给小人接近自己的机会。你跟他走得很近，跟他讲的一些话，很容易被传出去。一旦我发现一个人当面一套，背后一套，那我一定会远离，让小人只能听到我的传说。

3. 对于伤害过自己的小人，千万不要给他第二次机会

我是一个黑白分明的人，对我好的人，我会加倍对他好。伤害过我一次的人，如果对方诚恳道歉，我会选择原谅；如果对方不仅不道歉，还趾高气扬，那我会让这个人彻底从我的朋友圈消失。

面对流言，最好的反击是让自己变得更强大

除了小人，我们还会听到别人在背后说自己坏话。那么，是否有既彰显格局又不中伤自己、不陷入内耗的方法呢？

有伤大雅的坏话要解决。当我知道有人在背后说我坏话时，我会先分析他为什么要说我坏话、我有哪些坏话可以被说。如果不涉及我的人品、价值观、作风等方面的问题，这就不是大问题；如果有人说我品行不端，说我生活作风有问题，这就是大问题，我一定要及时处理和解决，不让传播范围扩大。

无关紧要的坏话不计较。如果别人只是在背后说"她不爱搭理人""她很强势""她目中无人""她觉得自己很了不起"一类的话，我觉得无关紧要，并不会太在意，与其花时间去在意别人说了什么，倒不如抽时间读本书。

"关键人"的坏话要盘根问底。当我听到有人说我哪里不好时，我还会看对方在我心中的位置。如果我在意对方，那我会对他说："我听说了一些事情，我当你是朋友，如果你真的觉得我不好，请当面说，我会改正。"问清楚原因后，我会就自己的行为进行解释，有则改之，无则加勉。

面对一些莫须有的坏话和流言蜚语，最好的反击就是让自己变得更强大、更优秀、更有力量和气场。如此，流言便会不攻自破，攻击你的人也会如鸟兽散。

生活中，难以相处的人和难解决的事情随时会出现，如果你选择逃避，那么你可能会觉得自己很懦弱，想解决却又不知从何下手。如果你想知道解决这类问题的诀窍，不妨以我的经历为参考，或许会对你有所启发。

善用圈子资源，解决自己解决不了的难题

一天凌晨，我正准备睡觉，突然接到一个姐姐打来的电话。接通后，她说："我有个朋友，父亲80多岁了，身患重症，急需入院治疗，可是他们不知道去哪家医院更好。你的人脉广，能不能帮忙打听打听，去哪家医院更稳妥一些？"

我询问了对方父亲具体的病症，了解了基本的身体状况后，就结束了通话。然后，我给认识的一些医生、院长发信息，咨询相关情况。很快，他们陆陆续续给了我答复。我把他们的答复以及我自己所了解的情况，都转告给了那个姐姐。

后来，那个姐姐又给我打电话，代为转达她朋友对我的谢意，同时，说她朋友的父亲因为及时住进医院并顺利地进行了手术，身体也有了起色。

我很开心，因为我能够通过自己的力量在别人需要时，给予力所能及的帮助。但那位女生能主动去找那个姐姐，联系到完全陌生的我，才是她父亲能及时得到救治的关键。而我同样是通过圈子资源，帮她解决了我自己根本无法解决的问题。

世上无难事，只怕有心人。遇到再难的事情，我们都不要轻言放弃，要及时调整心态。众人拾柴火焰高，我们要善用身边高智慧、大格局的人的力量，共同解决难题。

向上学习

走出舒适圈，是向上学习的常态

人生的进步，就是突破舒适圈的半径，再上一层楼。可能，在向上的过程中会有更大的舒适圈需要你去突破，但这就是人生的一个常态。

正如我在我的第二本书《高绩效心智》中所写的那样，固守在自己的舒适圈内总是轻松的，提升和改变自己都是痛苦的。然而，所有的辉煌和精彩，都是从痛苦中得来的，每一个优秀的人，对自己都是严苛的。

走出舒适圈前，先问自己三个问题

2009年，刚刚回国的我进入了一家上市公司，在行政部门担任总裁助理一职，协助领导处理一些公司内部的工作。工作很固定，难度也不大，每天朝九晚六，我都能准时打卡上下班，几乎不加班，唯一不好的是很少有和外界交往的机会。但公司的福利待遇不错，逢年过节公司会发购物卡和各种福利，深得我妈妈的喜爱。

在这家公司工作，我已经游刃有余了，但总有一种人生少了点儿什么的感觉。我完全可以预估到自己10年后的人生状态：按时上班，准点下班，每天打卡，工作日等待周末，人生就在各种无聊和期盼中度过。

上市公司在规章制度方面是很完善的，对每一个职位都有细致的分类，助理这一职位分为A类、B类、C类，空降的是O类。我在这一职位上是做得最好的，但最多也只能当个行政部门或者人事部门的负责人。我在这家单位做到部门负责人，这难道就是我人生的顶点了吗？这种一成不变的生活是我想要的吗？我开始疑惑了。

恰好，一次偶然的机会，我的一位初中同学邀请我担任深圳市海归协会的秘书长。当时我很犹豫，一个是稳定且安逸的工作，另一个是不清楚未来的工作，不知道该如何选择。

我无数次问自己，到底要怎么选择。最终，我想明白了，我不要这种一眼望到头的生活，如果我离开上市公司去协会，哪怕失败了，我还可以再回到上市公司，从头再来。如果我拒绝，会长找其他合作伙伴，我就彻底与这个机会失之交臂了。于是，我毅然决定辞职，不管协会的前景如何，我都想试一试，奋力一搏。

其实，在没有加入海归协会之前，我就经常组织聚会。而且，我发现了一个现象，每次聚会有100多人参加，只要有我在，就会有20多个海归人员跟随我。这可能跟我之前当过学生会主席有关系，我有号召人和运营社群的能力，这也是我选择海归协会的底气所在。结果不出所料，很快，我就把协会办得风生水起。

通过我的亲身经历，我想告诉大家一个道理：哪怕你已经有了一定的成就，你也要勇于走出舒适圈。走出舒适圈时，我会问自己三个问题：

其一，问自己真正想要的是什么。

其二，对自己有一个清晰的认知，问自己擅长什么，不擅长什么。

其三，问自己的目标是什么。

我希望通过自己的努力活成一束光，点亮这个世界，让这个世界因为我的存在变得更美好。所以，我的愿景和我的梦想不允许我退缩，只能勇敢向前。

快速走出舒适圈的三个步骤

那我们在什么情况下需要走出舒适圈呢？这个问题很好回答。每次演讲之前，我都会问观众一个问题："在座的所有小伙伴，你觉得你未来的人生发展可以靠父母助力的，请举手。"没有几个人举手。"如果你人生的发展要靠自己全力以赴的，请举手。"在座的人全部举手。如果你未来的人生发展只能靠自己，那你就需要走出舒适圈。

走出舒适圈，通常有三个步骤：

第一步，给自己的大脑和心理打一剂"预防针"，让它们做好持续"不舒服"的准备。如果你觉得自己过得舒舒服服、开开心心、无忧无虑，那就证明你在退步。如果你要变得更加优秀，更加卓越，让自己发生蜕变，你就要允许自己持续处在不舒适的位置，勇于走出舒适圈。

第二步，制订计划，挑战一些自己没做过的事情。比如，我每天都睡到 8:00，如果我想改变这种状况，那么我就给自己制订一个每天睡到 7:00 或者 7:30 的计划；假如你每天回到家就看电视剧，要想走出这种舒适圈的话，你可以尝试通过看一本书、学习英语、运动健身来替代看电视。

第三步，找"监督"你的队友。比如，你要养成跑步的习惯，一个人跑的话，你就很容易三天打鱼，两天晒网。因此，你可以找一些队友监督你走出舒适圈。

我有一个朋友，他的性格特别阳光，但每天晚上都在吃喝玩乐。他第一次约我见面的地点就是在酒吧。我们见面的过程很有趣，结果也很出乎意料。

我："你好久没去酒吧了。"

他："我只有晚上有时间去酒吧，白天基本上在睡觉。你晚上不来，那我们什么时候见面？"

我："早上。"

他："你几点起？"

我："6:00。"

他："你 6:00 起得来吗？"

我："你要不要跟我赌一下？"

他："我要早起的话，分分钟就超过你。"

我："那我们赌一下，如果你坚持一个月都比我起得早，我给你 1000 元；如果你没有做到，你给我 10000 元。"

他："好，可以！"

结果，这个男孩子在我的"监督"下坚持了3年，每天早上5:30起来给孩子做早餐，特别自律，他变得越来越优秀了，各方面做得都很好。因此，如果自己一个人真的很难做到改变，你可以找一个对标对象，找一个榜样，找一个队友来激励自己。

这个时代，"铁饭碗"的概念已经变了，它不再代表你一辈子都能有工作，而是代表不管你走到哪里都能把工作做好，这才是真正的"铁饭碗"。只有敢于走出舒适圈，迎接新的变化，在挑战与竞争中求生存，我们才能赢得机会，获得人生的成功。

向上社交，遇见贵人是一种福气

大多数时候，我们知道向上社交、结交贵人的重要性，但就是不愿意挖空心思去结交和讨好他人。"我也想结交优秀的人，可是我不敢啊！"这句话是不是说出了你的心声？

恐惧向上社交的三个原因

为什么越来越多的人不敢主动向上社交呢？我认为，内心的恐惧是最大的一道障碍。恐惧向上社交，主要有三个原因：

1. 怕被拒绝

我认为，被拒绝次数的多少决定了你人生能走到的高度。我是一个不怕被拒绝的人，虽然联系 100 个人，可能只有 10 个人回复我，但如果我 1 个人也不联系，那我就连认识这 10 个人的机会都没有。所以，请记住，不要怕被拒绝。

2. 认为自己"自取其辱"

很多人认为自己没实力、没地位、没人脉、没资源，向上社交就是在暴露缺点，不想"自取其辱"。当每次被询问是否参加聚会时，他们总会找到各种理由推托。诸如："我就不去了吧，我的学历太低了，去了有点儿丢人""我就不去了吧，那可都是事业有成、财富自由的精英人士，而我只是一个平平无奇的前台""我就不去了吧，他们个个漂亮帅气，我坐在那里显得格格不入，太令人自卑了"……其实大可不必这样想，哪怕自己真的事业平平，没有富足的物质条件，我们还有精神力量作为支撑。我一直说，精英人士喜欢有生命力的人，如果你热爱生活、努力奋斗、朝气蓬勃，你就会成为其中受欢迎的一员。

3. 不知道社交是为目标服务的

在这一点上，很多人最直接的表现是，只知道对方很厉害，但不知道社交的目的和内容，即便他参与，也只是和对方单纯认识一下。比如，我认识了马化腾，但是认识他之后我要做什么，是与他谈合作还是谈心？我对自己的目的完全不清楚。

大家要谨记，向上社交一定是为目标服务的。在向上社交前，你要先确定目标，再对向上社交的人物进行分析，这样一切就都清晰了。

打造识别符号，提升个人辨识度

如果不愿意、不敢向上社交，那么，你错过的将远比想象中要多得多。你不要总是唯唯诺诺，畏首畏尾，要勇敢地迈出第一步。但你也要知道，优秀的人、厉害的人从来不缺少仰慕者，想让他们快速记住你，我有一个比较好的建议送给大家：打造自己的识别符号，提升个人辨识度。

提升个人辨识度，给人的第一印象很重要。要想给对方留下好的第一印象，一定要注意仪表得体。在顺丰上市前，我们协会组织了30多个人去参观学习。我当时穿了一件颜色很鲜艳的裙子，识别度很高。虽然和王卫只是一面之缘，但我觉得他对我的印象应该是很深刻的。所以，在我出第一本书的时候，我给王卫发了一条信息："王总您好，我是深圳市海归协会的唐安丽，曾经和您有过一面之缘，您可能忘了，但是我对您印象特别深刻。我出版了一本书《你必须精致，这是女人的尊严》，想给您寄一本。"当他回复我"你就是当时穿花裙子的那个女孩儿吗？"时，我意识到，我当时的判断是正确的。于是，我很淡然地说："对，是我。"

让人信服要靠包装，每个人都要有属于自己的识别符号。我每天的打扮都不重样，这并不是为了取悦谁，而是我知道或许有人会通过我的外貌记住我，所以，你千万不要浪费每一次展示自己的机会。一次演讲，一个小女孩儿在台下问我："秘书长，你每天打扮得这么好看，累不累？"我说："你长得这么好看，还这么年轻，每天却不注重打扮，你亏不亏？"全场都笑了。所以，大家在向上社交的时候，要注意衣着是否得体，是否有标识性，是否能让对方看到某件衣服、某种颜色时就会联想到你。

除了提升辨识度，我们还要用核心竞争力来支撑自己。以我为例，我给自己的定位是弱关系的"桥梁"，一个顶级"枢纽"，这就是我的核心价值。我会告诉身边的朋友,我有资源、人力、平台,如果你有需要,我可以为你做"枢纽"。

向上社交固然重要,但是记住一点:任何关系的长久稳固都离不开社交的底层逻辑——价值交换。假如你真的遇到了伯乐,那么你有把自己变成千里马的决心吗?向上社交只是第一步,如果你想要走得更远,就离不开你自身实力的支撑。希望多年后,你已经可以和优秀的人齐名甚至成为势均力敌的战友,一起携手共进。

借助贵人的力量破圈

当你敢于走出社交恐惧,敢于和优秀的人联结时,你就已经成功了一大半。但是,要想快速破圈,你还需要很关键的一步——让优秀的人成为你的贵人,在关键时刻愿意帮你一把。

曾经,我遇到一位贵人,她在价值观上给了我很多指引,在语言上给了我很多鼓励,也在我遇到困难时给予过我很多支持。也是她,让我知道了,想要联结优秀的人,并让他们成为自己的贵人,需要用心交流,真诚地为对方考虑。

当时,她在做个人成长、心理学的课程培训,想和我合作,沟通推广事宜。有一天,我们线下见面谈合作的时候,我因身体不适一直在咳嗽,她就说:"安妮,我看你今天身体不太舒服,要不就先不谈了,改天等你身体好了我们再聊。"我回到家后,看到她发来的一条信息,"安妮,我们公司楼下有一家针灸馆,我在那里办了一张卡,你有时间可以

第五章 选择破圈，拥抱强大的自己

去试试针灸，它治疗咳嗽的效果很好"。我惊讶于她的热心，对她的建议和帮助表示真诚的感谢。果不其然，第一次扎完针，我就不咳了；第二次扎完针，我就好了。后来，我对她说："姐，你推荐的那家针灸馆很不错，我也想办张卡，你能帮忙问问店里有哪些优惠活动吗？"她说："我已经办好卡了，你直接去，报你的名字即可。"

在我治疗期间，她始终没有跟我提过合作的事，只是希望我的身体赶快好起来，这让我深受感动。后来，我主动参加她的培训课程，才发现大部分学员都是企业家，都十分优秀，所以我不断向上学习，积极与他们联结，求取成事心法。

正是因为我加入了这个圈子，所以我才不再只专注于自己的一亩三分地，不再只把自己定位为海归协会秘书长，而是萌生了成为作家、演说家和企业家的想法，为自己规划了多条发展路径。

这位姐姐也让我明白了，真心实意才能成己、成物。所以在工作和生活中，我也愿意帮助和鼓励一些优秀的年轻人。记得有一个男员工在协会工作了三个月，我却连他的名字都叫不出来。一天，有几个同事突然找到我说："安妮姐，我们有件事想要和你商量。"我详细听完后，得知他们想请我给那个默默无闻的男员工涨工资。

我对他们的举动充满了好奇，不知这个男员工究竟做了什么事情，竟得到了大家的一致认可。于是，从那之后，我着重去关注这个人，才发现，对待工作，他一直恪尽职守，即使面对困难，也从来不会出现畏难或者退缩的情况；对待他人，他在自己力所能及的范围积极给予团队成员帮助，团队里几乎没有不喜欢他、不认可他的人。

我看到了他身上的优秀品质，因此，我开始着重培养他。我会经常带他参加各类活动，给他各种锻炼机会，让他得到全方位的发展和成长。三年后，我推荐他到一个发展前景不错的教育平台从事教育相关工作，这是他喜欢的事情，也是他擅长的事情。在新的圈子里，他发展得更是如鱼得水。

有一年，我过生日的时候，他还来为我庆祝。他见到我就说："安妮姐，我现在很好。"当我听到这句话时，我知道他找到了真正适合自己的发展方向，找到了他喜欢做的事情，可以在工作中尽情地绽放自己、释放自己。

如何让贵人帮助你破圈呢？答案是，贵人不一定是给予你物质帮助的人，也可以是在精神领域帮助你成长的人。可能仅仅是对方的一句话、一个观点，或者一种为人处世的态度，就能助你实现破圈。

第六章

打造个人品牌，一切势能皆为己用

移动互联网时代，个人品牌就是一张靠谱的数字名片。

定位：擅长的事可以变成事业

近几年，个人品牌火遍了全网，那到底什么是个人品牌？为什么大家都在争先恐后地打造个人品牌？

记得有一次，我和一个朋友聊天，他说："在现实生活中，也许我很平凡，成功的机会比较少，但我可以通过网络塑造自己，只要肯努力，我也有可能成为某个领域的精神领袖。"的确，在这个崇尚个体崛起的时代，打造个人品牌或许是证明自己的另一条路径。

准确的定位胜过十倍努力

那我们要如何打造个人品牌呢？第一步，就是找好定位。一个准确的定位胜过十倍努力。好的定位是找出来的，也是我们不断试错试出来的。

这个过程很难，不仅需要体现你的专业优势和个人特色，你还要结合市场和竞争对手的情况，尽量避免和火爆的个人品牌进行正面较量。

在寻找定位的过程中，我也走过弯路。刚开始，我打造个人品牌时，给自己的定位是秘书长，结果发现，大家只知道秘书或者××长，却不知道秘书长，很显然，这个定位行不通。然后，我把自己定位为作家、演说家，可我还不够专业，还不是一个称职的作家、演说家，因此，这个定位也不太准确。后来，我开始创业，但以失败告终，创业者的定位就更不符合我了。

一次偶然的机会，从事政府工作的一个朋友给了我灵感，他给我的定位是"社会活动家"，这个称谓能够将政府助手、企业伙伴和青年偶像等所有的身份都包含在内，我觉得很合适。

明确定位后，我们该如何判断自己的定位是否清晰呢？我的方法是，向朋友询问他们对此定位是否赞同。我在确定了"社会活动家"这个定位后，问了身边朋友的意见，他们一致告诉我，"社会活动家"就是你。那这个定位就是符合我的，是好的也是对的。当然，这一步只是最基础的定位，只是向大家说明了我的身份、职业、个人特点等。如果想更好地打造个人品牌，增加用户记忆点，那你还需要再进一步——做差异化定位。

做差异化定位，抢夺细分赛道

如果一个领域已经有了一个强大的个人品牌，那么大部分的流量一定都被他抢占了,你还想抢占市场的话,确实很难。针对这种情况,最好的做法是,给自己进行差异化定位,闯入一个空白的领域,抢夺细分赛道,这样你就会更有优势。比如,同道大叔以漫画的内容形式解读星座,占据了星座领域,其他人再以相同的形式涉足这个领域,几乎就没有机会了,因为其他人模仿得越像,大家越觉得他是在帮同道大叔宣传。但是,星座领域还有一个"星座不求人"团队,他们用短视频的形式讲星座故事,这就是一个成功的细分。在我看来,深圳市海归协会的定位,在一定程度上就属于差异化定位。

我的性格比较执着,有点儿"一根筋",要么就不做,要么就认真做到底。"有目标,沉住气,踏实干"是我对自己的要求。十年不抬头,一抬头,我就把深圳市海归协会做到了全国海归协会第一。总结原因的话,我归结为三点:天时、地利、人和。

2010年,深圳市海归协会正式成立,当时做这一类型平台的团队并不多。我们为什么会选择深圳呢?因为深圳始终秉承着"来到深圳就是深圳人"的理念,有很强的地域包容性,随处可见各类社团、协会,不管你是商二代、非商二代、土著、非土著,还是外国人,到了深圳就都是一家人。

看起来,这是天时和地利都在"帮忙",但这也是我们在定位时进行了差异化选择的缘故。我们占据了一个"人潮还不汹涌"的赛道,抢占了一定的先机。所以,要想打造个人品牌,定位越明确越好,占位越早越好。

如果失去了天时与地利,就只能拼"人和"了。作为深圳市海归协会的创始人之一，我始终在发挥自己的优势，这让我有很强的成就感。

记得一次开会，我刚推开门，在座的5个领导就齐刷刷地看向我，坐主位的领导戴着眼镜，不苟言笑，看得我心里有点发慌。我心想"我没迟到啊，就是过来开个会，不用那么凶地看着我吧"。我没有说话，直接坐到了位子上。突然，领导开口了："你就是唐秘书长？"我开始犯嘀咕，领导接着说："你不记得我啦？去年我女儿要去哥伦比亚大学，我和你咨询过，你忘了？当时你为我解答得特别清晰，我女儿顺利去了哥伦比亚大学，这还多亏你的指点呢。"

这件事，我的确是忘记了，因为这样的事情我做得太多了，这样的例子比比皆是。我始终坚持一点：只问耕耘，不问收获，早晚有一天这个善意的种子会回报到你身上。

把擅长的事变成事业的四个心法

寻找定位时，你也可以把喜欢和擅长的事情变成事业。当然，这一步并不是轻而易举就能实现的，需要一定的积累和过程，我有四点心法分享：

1. 要先明确爱好是否能够成为一种职业

曾经，有个弟弟跟我说他喜欢音乐，但他爸爸想让他从事金融行业，问我该怎么办。这是一个很常见的社会现象，只有极少数人可以把爱好与事业相结合，并持续努力、坚持做下去。

要知道，有些东西仅仅是你的爱好，而有些东西可以变成你的事业，这是两件事。举个例子，你喜欢音乐，但是音乐并不能养家糊口，你必须要有一份稳定的工作。那么，你能不能选择职业的同时坚持做音乐？比如，你从事音乐器材的生产、销售和课程培训等相关工作，就相当于把爱好变成了职业。如果你选择将作家、明星作为职业的话，就与你喜欢的音乐背道而驰了。

所以，我们要先认真问问自己，自己擅长的事情是否能够发展成职业。如果能，你是否又愿意努力持续做下去；如果不能，你也不要一直强求。

2. 选择了就不要放弃，轻易放弃的就请不要轻易选择

专业不是儿戏，一旦做出选择就要坚定地走下去。能轻易放弃的选择，说明你在开始选择的时候就不坚定。

作家马尔科姆·格拉德威尔在《异类》一书中指出："一万小时的锤炼是任何人从平凡变成世界级大师的必要条件。"这就是大家耳熟能详的"一万小时定律"。虽然我从来没有把一件事情坚持做到一万个小时，但我知道熟能生巧。所以在你选择了某种专业后，就一定要坚持做，哪怕过程很枯燥，也不要轻言放弃。只有这样，你才能从中总结经验，实现职业理想。

3. 先寻找共性再找个性，满足共性之后再实现个性

现在的年轻人，太追求个性，问他们未来有何发展计划，无非是要做一名个性歌手之类的。这样的想法其实有点儿理想主义。大家要先找到共性再去发挥个性，这就像我们的生活一样，要先生存才能发展。如果一个人连基本生活都还不稳定，却总想搞个性，这就有点儿本末倒置了。

4. 如果想把喜欢且擅长的事变成自己的专业，成就一份事业，你可以遵循"超级千粉理论"

你认识 100 万个人或者 100 万个人认识你，不如 10 万个人喜欢你；10 万个人喜欢你，不如 1 万个人爱你；1 万个人爱你，不如 1000 个有实力的人很爱你。

不要奢求全世界的人喜欢你、爱你、认可你，成为你的铁杆粉丝。只要有 1000 个人始终追随你，并且这 1000 个人都是非常有实力、有能力、有影响力、在社会上有一定作为的人，你就已经很厉害了。

借势：让专业的人做专业的事

经营自己的个人品牌时，你是否会为网络流量低而气馁和动摇？销售个人产品时，你是否为销售量少而忧伤和愤懑？和非自己专业领域的人合作时，你是否为合作效果不佳而担忧和焦虑？

倘若你有以上的困扰，我有"解药"来帮大家解决。药方也很简单，就是借助并善用身边人的力量实现自己的目标，让专业的人做专业的事。

向上"抱大腿"，让优秀资源为己所用

要想在自己不擅长的领域不断放大个人品牌价值，那我们就需要借助专业人士的力量做专业的事情，这就是在"借势"。通俗的说法就是"抱大腿"，让优秀的资源为己所用。

第六章 打造个人品牌，一切势能皆为己用

2020年1月25日，正月初一上午，我在哈尔滨，古典联系我，说想发起一个募捐活动，买一批物资送到武汉。

那时，新型冠状病毒感染引起的肺炎疫情暴发，武汉的医院防控物资告急，很多医院中的病人和医护人员都得不到足够的保护。我想都没想就直接答应了他。我愿意和他同心协力，为武汉、为湖北、为国家做点儿事。

我："要募集多少资金，大概什么流程？"

古典："我们总共募集3期，每一期10万元，如果第一期募集到了足够的资金，我们就筹备第二期；如果第一期结果不是很理想，就不筹备第二期了。"

我："怎么分工？"

古典："你负责筹备资金资源，还有处理一些公关事务，我负责沟通物流并对接医院。"

1月25日下午，我发动了募捐。刚开始时，我的策略是：先私信30位和我比较熟悉、关系比较好的小伙伴，告诉他们我的好朋友古典和我计划一起做一个为武汉募捐的活动，我们的目标是10万元，我自己先捐5000元，询问他们要不要参与。大概80%的人回复了我，有的捐1000元，有的捐2000元，另外20%的人没有回复。

到了晚上，我总共募集了9万多元。过了零点，募集资金达到了105000元。就这样，我们第一期的募集目标实现了。我把"战绩"发到群里，慢慢把势能炒热。

募集结束后，我进行复盘总结，这件事能成功，其实是我借了古典

的势能。因为我擅长做营销端，联络人找资金是我擅长的事情，而其他方面我并不擅长，借助他的势能，我们才做成了一件利他的大事。

回想起来，我做这件事没有思考太多，决策的原则只有两点：第一，完成比完美更重要，目标就是要把这件事做成，在最短的时间内筹集到 10 万元。第二，凡是符合"你好我好大家好，你好我好世界好"原则的事情，就可以启动。

我也明白了一个道理：高级的利他就是利己。当我们努力用自己擅长的一面、专业的能力为他人创造价值的时候，我们就成功了。

守住核心价值，在擅长的领域借势

借势的第二大要点是，哪怕你是在自己不擅长的领域里，也要守住自己的核心价值，做自己擅长的事情。除了技术领域的能力，其他领域的能力都是相通的。所以，我们要想让自己的优势放大，就要知道自己的优势所在，在此基础上守住自己的核心价值，才能实现优势最大化。

有一次，由哈佛大学的一位博士组织的一个半导体团队来到国内，她需要把落地政府从北京签到深圳，找到了我，希望能尽快解决这个问题。当时她花费了 3 个小时的时间，认真地向我说明了她团队的工作内容。但由于半导体的技术性太强，我很难系统性理解，因而，我没有完全听懂。尽管如此，我依然可以通过合作的标准与原则，来判断这是不是一次很好的合作。

首先，这个女孩我很喜欢，她很善良，很热情，很质朴，还很努力，我看到她身上具有一些很好的品质；其次，她的行业属于新兴产业，是国家大力推广、扶持的行业，具有发展前景；最后，她想落地深圳，这正是我的主场，她所需要的与政府对接、寻找大客户、筹集资金等事，都是我的核心价值点，我能帮到她。所以，不管我听不听得懂，我们都是可以合作的。

我对她说："我对你讲述的半导体技术不太了解，你也不需要再讲解了，你要做的只是说清楚你的诉求，需要我帮你做些什么就好了。"她的核心诉求是：希望她的团队有政府接收并且拿到场地、有项目、有业务。这都是我最擅长的方面。我们达成了合作意向，我还陪着她去意向合作区考察参观，一切进展都很顺利。

我们在打造个人品牌的时候，既要善于借势，也要守住自己的核心价值。我们并不需要完全懂每一个行业、每一个企业，如果你认可一个人，认可他的行业前景，同时自己能为对方创造价值，那就可以合作。

如果把这个过程总结成方法论的话，我觉得很关键的一点是：永远做自己擅长的事情。具体可以分为两步：

1. 看人

任何事情都是人做的，东西再好，人不对，也不行。如果对方是我所欣赏、尊敬的人，那我才会有了解对方行业和企业的可能性，否则一切都是空谈。

2. 看自己能否为对方创造价值

合作的前提是价值互换，如果你没有价值点，怎么合作呢？我认识一个研发新材料的博士，特别欣赏他，也特别喜欢他的行业，很想合作。但他的公司有政府公关部、大客户部、投资部，我无法为对方创造价值，那我们就无法合作，只能做朋友。

　　未来的世界，不是竞争能力的世界，而是竞争影响力的世界。做一个有影响力的人，更容易撬动我们身边的资源。好风凭借力，送我上青云。当一个人名不见经传时，借势往往能达到"四两拨千斤"的效果。

标签为王：给自己贴上靠谱的标签

打造个人品牌为什么要贴标签？因为，一个独特的标签，可以让自己在芸芸众生中脱颖而出。即使多年后，当别人想到你时，他也会想到当时的"感觉"。

比如，我和一位朋友敞开心扉聊了一下午，彼此受益颇多。10年后，你觉得他还会记得我当时讲的内容吗？大概率不会，但是他会记得我给他的感觉，这种感觉可以一直存在。

既然标签已经变得如此重要了，我们该如何给自己贴标签呢？哪些方式是永远靠谱的？

作家标签带来的多重影响

在我看来，出书是给自己贴标签的方式之一。而且，这种标签很靠谱，很值得信任。

这本书是我出的第5本了。我从小到大都没想过要出书，具体起源还得从2016年的一件事说起。

2016年8月，我参加了一位深圳企业家组织的一场活动，这位企业家向我透露了想要出一本有关创业的图书的意向，问我要不要参与众筹，买100本。当时我拒绝了。

后来，我与另一位朋友见面，得知他也准备把自己工作、创业多年来的故事作为素材，写成一本个人传记。当时，我除了羡慕还是羡慕，感觉这些人都好厉害，居然能出书。

在陆续听到两位朋友要出书的想法后，我的内心也有了一丝波澜，泛起了涟漪。直到2016年9月，我的斗志被彻底激发出来了。那是一个阳光明媚的下午，一个从美国回来的弟弟约我喝咖啡，想和我咨询一下加入海归协会的事。他每说一句话都会夹杂着几个英语词汇，我感觉他是一个"香蕉人"[①]——英语十分流利，普通话却不太标准。

我询问他最近的打算，他说他在国外学的法律，现在在学中国法律，虽然汉字认识得不太多，但是他有出书的打算，而且他写的是中文的律师实务。我很惊讶，顿时对这位弟弟充满了崇敬感。

我们一会儿聊聊规划，一会儿聊点儿生活琐事。他激动地说："万象天地新开了一个小米旗舰店，我一会儿要去看一看。"我说："那叫小米旗

[①] 香蕉人：又称ABC（American-Born Chinese），最初意指出生在美国的华裔。他们虽然是华裔，但是不识中文，说一口地道的美式英语。他们自小接受美国文化和教育的熏陶，其思维方式、价值观也是完全西化的，与移民来到美国的上一辈华人不同。

舰店。"就在这一刻,我心想,一个连汉字都读不对的人都能出书,我为什么不能呢?我每年都会写很多分享文章,为什么不出版试试呢,万一成功了呢?就这样,我要出书的想法被他彻底点燃了。

2016年10月8日,我就开始制订写作计划。11月13日,我找到编辑。11月30日,我的书完稿并在2017年出版。没想到,我的第一本书都出版了,当初那些打算出书的朋友都还没有完成书稿。

就这样,自律、坚强、努力、奋斗、不低头的"奋斗者"标签贴在了我身上,对我产生了极大的影响。最直接的影响是,我的人设从秘书长提升到了作家。我的第一本书出版时,是2017年的夏天,我特意发了一条朋友圈。虽然我没有让任何一个朋友转发,但依然有208位好友发了朋友圈祝贺我的新书出版。这说明什么?出书是普通人不太能做到的一件事,而我通过努力做到了,别人可能会因此对我刮目相看。

最深层的影响是,它打开了我的另一扇窗,让我有机会接触到更多的出版人。我心目中的出版人,应该是戴副眼镜,文质彬彬的形象。我第一次接触的一位出版人却不是这样的,我觉得他不像文化人,也不太像做出版的人。但通过与他接触,我对出版行业有了更深刻的认识,眼界一直在拓宽。

最显而易见的影响是,出书是推广个人品牌的最好方式。为什么呢?之前,我参加了一个大型活动,安静地坐在我的位置上,突然有一个粉丝过来跟我打招呼,我旁边的男士很吃惊地看着我。我主动和他打了招呼,并询问他的行业,他只是简单地回答了一句"半导体",就不再理我了。他以为我是一名网络红人,通过参加活动来攫取流量和资源。我也没理他,继续好好听课。过了一会儿,两个女孩拿着我的书过来,找我给她们签名。

这时,我旁边的男士又看了我一眼,很吃惊地问道:"这是你写的?"我说:"对呀。"他补充说:"你是作家啊?书是你自己一个人完成的吗?"我很自信地告诉他:"是我自己一个字一个字敲出来的。"课程结束后,他默默在群里加了我的微信。

几天后,我看到他发了一条朋友圈:"今天上课,本来以为身边坐了一个美女网络红人过来攫取流量和资源,我还想跟她说这里来的都是企业家,不是一个可以攫取资源的地方。但没想到,她竟然是一位作家,我买了她的100本书,让我的同事们也学习学习。"文案后还配了我书的图片。

不久后,我组织了一次饭局,邀请了一些上市公司的负责人。我了解了那位男士公司的基本情况,主动邀请了他。他当时受宠若惊,很激动地回复了我,虽然他因为时间冲突不能参加,但他对我的态度发生了天翻地覆的变化。

2018年的一天,我正在和一位老板吃饭,吃到一半的时候,我的秘书拼命给我打电话。她说有一个人通过网上的资料找到了秘书处的电话,想要加我的微信,是否可以?我说:"我有6个微信群,每个5000人,如果只是单纯添加微信,那以后这种事情不要找我。"后来秘书又打电话过来,说这个人要赞助我们协会。我想了一下,要是谈合作还是可以进一步了解的。

加上微信后,对方简单和我问了好,言语间透露着激动,并发送了他的资料，足足有两页。原来，他竟然是 A 股上市公司的董事长。任何人都不会拒绝高质量的粉丝，我主动和他沟通，询问他是怎么认识的我。他说："在机场看到了你的书，一看作者还是深圳的女孩，特别欣赏，很感兴趣，想认识一下。"

在大家的传统认知里，出书不是一个普通人能做到的，但当我做到时，就颠覆了大家传统的认知，所以，出书比说十句话、百句话，更有分量，是一种很靠谱的贴标签方式。

经营朋友圈，传递个人价值

除了出书，还有一种很重要的贴标签方式，就是经营朋友圈。目前，朋友圈是打造个人品牌、传递价值的一个载体，是人设的展现，需要我们好好经营。那如何经营呢？

不要只发自己想发的动态，要发别人想看的内容。这样，你的优秀、你的价值、你的生命力才能被看见。

2020 年 2 月 1 日凌晨，我刚把事情忙完准备睡觉，却发现有个女孩利用朋友圈向我求助。我了解了一下情况，原来是乌克兰当地的华人在乌克兰买了 150 万个口罩、50 万件防护服等物资，但他们买完才发现，乌克兰到中国的航班全部停飞了。他们很着急，这些物资不知道怎么处理。我问她："你这个信息靠谱吗？"现在虚假信息太多，收到信息，我一定要先确认真伪。她给我看了这些物资的照片以及医院的接收证明，从而，我确认了医院是跟她对接过的，是靠谱的。

看到那 150 万个口罩和 50 万件防护服时，我忍不住哭了，乌克兰的华人太可爱了，他们几乎把整个乌克兰的口罩和防护服给买光了。我对自己说，我一定要帮他们，但具体怎么帮我当时也不知道。

朋友圈的力量很强大，于是我在海外社团发布求助信息，告诉大家有这么一件事情。不久，群里有一个男孩子说他知道一个渠道，是各大航空公司的负责人圈子，可以试试看能不能拼飞机和包飞机回来。然后，他又对接了一个男孩子，是专门负责飞机这条线的。我们就这样建群拉人，很快，我们这个"乌克兰包机群"就将近 20 个人了。

有趣的是，这 20 个人彼此都不认识，哪怕向我求助的这个女孩也只是我的微信好友，没有见过。帮我联系的人我也没见过，然后大家把整个脉络厘清，我像总控一样，梳理了整个流程，列清楚一二三，把关系梳理好。

原来，很多航空公司是可以包机的，只是乌克兰的华人并不知道这个信息。通过我的传达和关系，我们找到了相关的人，最后帮助这些华人朋友们把物资分批次运到了中国。

这件事情带给我的启发是：一定要用心经营我们的朋友圈，通过朋友圈来打造我们的标签。这么多人找到我帮忙，是因为他们信任我，而他们了解我并信任我的原因，就是我在朋友圈展现的人设，因此，你的朋友圈就是你的标签。

我们想让大家看到一个怎样的自己，就要在朋友圈展示相应的内容，打造个人的标签！我们一定要在朋友圈树立正能量的形象，同时你的优秀一定要被人看见。人家连你是谁都不知道，又怎么会喜欢你呢？

希望大家记住：每个人都有标签，只是你自己不知道而已。不管你愿不愿意，不管你喜不喜欢，标签一定要有。你的品牌标签不是自己说了算，而是取决于别人对你的评价。打造个人标签的时候要注意细节，要从你的语言、文字、视频、社交平台、着装、形象、谈吐等方方面面来打造人设。

个人形象：设计特色鲜明的记忆符号

如今，在互联网时代，无论你是企业领袖、行业精英，还是网络红人，都需要一个鲜明的品牌形象为个人品牌加持助力。

形象是需要被定义和设计的

什么是好的个人形象呢？如何让自己的个人形象做到鲜明亮眼，容易被记住呢？我认为，遵循以下五个小标准，能让你的形象"价值百万"。

1. 形象一定要凸显个人品格特质，符合自己的特点

个人形象不是千篇一律的，一定是因人而异的。所以，我们在打造个人形象时，一定要知道自己的特点，不要总想着模仿别人，这样不仅无法打造自己的辨识度，还有可能产生"东施效颦"的效果。

2. 不要暴露自己的缺点

缺点就是缺点，只有当你成功了，大家才会把缺点美化为特点。当下什么资源最宝贵？是注意力资源！能够获得他人更多注意力的人，更容易成功。很多人为了赢得更多的注意力，会刻意放大自己的缺点，博取受众的驻足和关注。比如，小张是龅牙，却非要放大这一缺点，做"龅牙张"；小王比较胖，但就喜欢穿泡泡袖的衣服，显得整个人更加圆润。这样的方式虽然会让你得到一些关注，但并不长久，且可能会收到一些恶意评论，影响自己的身心状态。因此，最好不要做这样的事情。有一种情况可以做，那就是当你变得很优秀、很成功、知名度很高时，缺点才会变成特点，才能起到正向的作用。

3. 形象打造要有一致性，不能仅凭喜好选风格

一致性就是风格的统一性，不能今天走甜美风，明天走知性风，后天走酷帅风，毫无逻辑地仅凭喜好选择，这就不利于个人品牌的打造，更无法让大众对你的品牌形成统一的记忆。

我有一个"80后"的朋友，是伦敦电影学院的研究生。他平时总是穿一件黑大褂。有一天，我们几个朋友聚在一起，他突然问我们对他的印象，我们的回答很一致："像领导过来考察工作，完全没有海归人员的气质。"

我们的感觉是对的。他平时参加严肃的会议比较多，在着装上要求比较正式，久而久之就形成了他的风格。可见，一致的风格和形象塑造会让身边的人对你形成固定的认知。如果你一直穿职业装，那别人可能会认为你是职场人士；如果你一直穿运动装，那别人可能觉得你更像一名运动员，或者从事体育工作。

4. 形象有吸引力，才能带来影响力

曾有人对我说，穿衣服要低调一点，不要穿得太张扬，黑白灰就可以了，但我不认可。影响力的本质是吸引力，一个人要想变得有影响力，就要具有吸引力。那什么事物最有吸引力？一定是美好的、漂亮的事物。

2011年，我接受了《瑞丽》杂志的采访。当时，购买《瑞丽》杂志的读者都是女性，我认为过于张扬美艳的打扮或许会引起读者的反感，所以我特意没化妆，简单着装就去赴约了。结果，主持人对我说："你长得那么好看，怎么只穿素色衣服，还不化妆，完全没有这个年纪的张扬和朝气。"我解释道："我是特意这么低调的，如果我打扮得太招摇，杂志的读者可能会讨厌我。"她说："你错了，一些女性虽然会欣赏女强人，但内心都想成为公主。一个人即使再优秀、再能干，打扮得不得体，别人也不会多看你两眼。"

短短的一两句话，对我影响很大。我意识到，原来女性也欣赏美女，原来没有人厌烦美好、漂亮的事物。如果让自己看起来很邋遢，那你将会失去极其稀缺的注意力资源，简直是得不偿失。

5. 形象与社会角色是挂钩的

比如，你是一位很专业的策划人，如果你整天穿得像一名运动员，怎么让别人知你在策划方面很专业呢？形象是要被定义的，是要进行设计的，一定要与我们的社会角色相符。好的形象容易被识别，容易被看见与认同，更容易被欣赏，能够为个人品牌加分，并让你享受到相应的福利。

塑造形象的两个关键点

这个世界只审美不审丑，如果你连自己的形象都管理不好，如何管理好自己的人生呢？那我们该如何塑造优秀的个人形象呢？有两点要注意：

1. 拒绝错位爱美

管理个人形象，要注意与自己的身份、职业、状态、气质相符，不要让自己看起来不伦不类。很多人喜欢做一些与自己年龄不相符的事情，之前的我就是一个典型的例子。从小到大，我都喜欢很可爱的小饰品，哪怕是年龄一直在增长，身份不断在变化，有时候还是会戴个蝴蝶结、扎个辫子、穿件短裙、一双球鞋，一副很休闲的装扮，感觉自己一直停留在 18 岁。但这种形象塑造就不太符合的身份、职业和场合，是一个错误的示范。

我反思后并做出了调整，分享三类基本不会出错，还很简单的搭配：第一类，职业套装。不仅上班穿它不会出错，与客户谈合作也很合适，比较适合偏正式、正规的场合，给人一种干练、优雅、精英的感觉。第二类，休闲毛衣或衬衫。这一类的搭配场合主要是休闲娱乐。比如，与朋友出去玩、带孩子上课都可以穿，看起来很温柔，也很知性。第三类，根据实际情况准备一套得体的礼服。这是男士和女士都应该准备的，平时有社交活动的话可以派上用场。如果不想买也可以租，但你要有特定场合穿特定服装的意识。

2. 适合你的形象才是最美的

优秀要被看见，优秀的形象更应该如此，那如何定义优秀呢？不是与众不同，也不是标新立异，而是一眼看上去干净整洁，充满活力，让人舒服，如同众多闪烁的星星中最耀眼、最闪亮的那一颗，让人能够一眼定位到。

怎样才能装扮出优秀的形象呢？具体方法有三个：

第一，询问身边亲近的人的意见。朋友和父母是对我们了解最多的人，在选择衣服时可以多听听他们的意见。比如，我妈妈觉得小香风套装穿在我的身上很好看，显得很有气质，我平时就会多穿一些；我朋友认为我适合穿有质感而不适合穿轻飘飘的衣服，我直接把带泡泡袖的、没有质感的衣服全换掉了。

第二，可以找专业的机构进行测试。专业的形象塑造机构有一套测试标准，会帮助你快速确定适合你的颜色、款式和风格。

第三，如果以上两个方式都没有让你找到适合自己的风格，那你就选择安全的服装，逐步试错，再一点点向不同的风格拓展。

餐桌社交：资源共享，助推个人品牌跃升

当下，餐桌社交几乎成了每个成年人无法避免的一项社交活动。很多人虽然嘴上都在抱怨着"不喜欢、没价值、身心俱疲"，但身体却又很诚实地赶赴一场又一场"盛宴"，这到底是为什么呢？餐桌社交究竟有什么魔力？

整合资源，实现价值最大化

在现实的商业世界中，每个人、每个企业都会拥有一定的资源，但如果没有合适的机会就会让这些资源始终处于"闲散"的状态，无法实现资源整合，更没有办法产生多赢的结果。我认为，做好餐桌社交的意义在于，实现高价值的资源互换，并进行深度整合。根据我多年来参与、组织餐桌社交活动的经验，餐桌社交的价值在于将有限的、闲散的、短缺的资源整合，实现价值最大化。

有这样一个故事，一位智者把一个穷孩子、世界首富的女儿、世界银行副行长的职位和首富的存款这四方资源整合到了一起，产生了多赢的效果，并实现了价值最大化。

穷孩子长得很帅，也很聪明，追求上进，已经到了谈婚论嫁的年龄，却因为家庭贫穷，找不到合适的对象。智者对穷孩子说："你想进城吗？想找媳妇吗？想成为世界银行的副行长吗？"穷孩子不假思索地回答："想！非常想！""那好！你必须提升自己的修养，学习贵族的礼仪，学习金融知识。一年后，这些东西学好了，你就会进城，找到漂亮的媳妇，当世界银行的副行长。"穷孩子感恩戴德，一步一鞠躬地离开，开始按智者说的去奋斗。

随后，智者找到世界银行的行长问："您想让世界首富的存款都存到你们银行吗？"行长说："做梦都想啊，我们做了很多工作，首富的钱也没有存进来。怎么才能让首富把全部存款都存到世界银行呢？"智者说："有个小伙子，学识渊博，业务能力很强，是世界首富女婿的首选人物，他能让首富的存款都存到世界银行。如果一年内，您能聘他当世界银行的副行长，那么存款的问题就解决了！"听罢，行长爽快地答应了。

智者找到世界首富问："你女儿想找一个有修养、有知识、长得帅，担任世界银行副行长的年轻小伙子做终身伴侣吗？""当然想。"首富说，"这种好事哪里有啊？请您多帮忙！"智者说："别着急，你耐心等，一年后我一定给你找到如意的女婿！"

一年的时间很快就过去了。在智者的指点下，小伙子学有所成、仪表堂堂、风度翩翩。智者先领着小伙子找到世界银行行长。行长面试了小伙子后，立即聘他为世界银行的副行长，专门做为首富提供金融理财服务的工作，争取把首富的全部存款都存到世界银行。由此，原本穷困的小伙子成了最年轻的世界银行副行长，成了真正的年轻贵族。

接着，智者领着小伙子来到首富家。首富和他的女儿对这个前途无量的年轻人非常满意，对智者千恩万谢。首富对智者说："您费了这么大劲，给我找到了这么好的女婿，我如何感谢您呢？"智者说："不用，你如果要感谢我的话，那就支持你的女婿，把钱存到他所在的世界银行，让他有机会大展宏图。"首富说："没有问题，我马上就办。"

在智者的策划下，穷小子进了城，当了世界银行的副行长，成了世界首富的女婿；首富的女儿找到了前途无量、风度翩翩的世界银行的副行长作为如意郎君；世界银行行长得意于自己通过一纸任命，换取了首富将钱存到自家银行的巨大利益。最终，大家实现了多方共赢。

组织餐桌社交的价值也在于此。通过餐桌社交，人们可以把各行业、各领域优秀的资源整合到一起，进而实现价值最大化，让难事变容易，烦琐变简单。但有一点要注意，餐桌社交最好请能量级别一样、差距不大或者彼此有兴趣认识的人，这样才能增加见面的可能性，才能最大限度地实现优秀资源整合。比如，我要组织一次餐桌社交，我想邀请A上市公司的老板参加，我会主动联系他："您下周六有时间吗？我想组织一次餐桌社交，目前邀请了B上市公司的老板、C上市公司的老板，您愿意来吗？"然后，我会以同样的方式问询B上市公司和C上市公司的老板。结果就是，A、B、C三家上市公司的老板都极有可能会来参加，并且进行深度的交流，进而实现资源互换与整合。

展现个人价值，让别人看见你的优秀

除了实现资源整合，参与餐桌社交的核心诉求是：展示自己的价值，让你的优秀被别人看见，让大家知道你的标签，知道你的职业，增加彼此认识的机会。那如何在餐桌上让别人快速记住你？一个特别的自我介绍将让你脱颖而出。

我在参加餐桌社交时，每一次都会进行自我介绍。我的自我介绍方式若是"我是××企业教练，我是××商业顾问"这样平平无奇的方式，是很难被记住的。

那讲出一个能够给他人留下深刻印象的自我介绍到底有什么诀窍？关键诀窍是——谈其所需。具体来说，可以分成两个步骤：第一步，和听众建立联系；第二步，明确自己的目的。

这也是我参加一次餐桌社交时向上学习后总结出来的。一次，和朋友吃饭时，有一位男士进行的自我介绍给我留下了深刻的印象。他说："认识大家很开心，我来自××，现在从事××，我能为大家做些什么呢？简单用三点概括：第一，我有资金，可以投资；第二，我有一个园区，如果企业想入驻可以找我；第三，我长期学习心理学，这方面有很多资源，有需要也可以找我。"在这个简短的自我介绍里，在座的人都记住了他的三个核心价值，而且直接切中了他人的需求。如果有人正好有需求，他们就会在餐桌上详谈。

学到了就得用起来。后来，每次自我介绍时，我都会这样和大家说：有三件事我可以帮到你，第一，如果您是海归人员，或者家里的孩子是海归人员，找工作可以联系我；如果你们企业要招聘海归人员，我也可以帮你。第二，如果你们公司要融资，我有很多海归投资人的资源，我也可以帮你。第三，如果你们想提高演讲能力，或者想出书，也可以找我。

除此之外，在做自我介绍的时候，我经常用"斜杠青年"来形容自己。我的主业是深圳市海归协会的秘书长，但我想成为秘书长里最会写作的；会写作的秘书长里最会演讲的；会演讲、会写作的秘书长里最会做时间管理的；会演讲、会写作、会做时间管理的秘书长里最会做销售的，这就是我的"斜杠理论"。我有一个"强单杠"，也有很多不同的"斜杠"，如此多元饱满的我可以对应更多人的核心诉求。

如果你想打造个人品牌，想向上学习，想与优秀者建立联结，那你就要给自己准备一份出彩的、直击对方内心的自我介绍，让自己的优势能被快速记住。

遵守规则，成为餐桌上最受欢迎的人

此外，餐桌上还有很多细节与规则需要注意，千万不要等别人厌恶你了，自己还不知道问题出在了哪里。具体包括以下九点：

1. 很多饭局可能是自己专业领域之外的，那就不要过多地表达自己，多听多提问即可。

2. 如果要敬酒，你的酒杯一定要比别人低。

向上学习

3. 各地有各地的文化，要尊重不同地方的规矩，入乡随俗。

4. 不要频繁地接打电话，不要提前离场，否则会显得你很不尊重他人。

5. 每一份应酬你都要专心致志地参与，一定要吃饭的时候只吃饭，说话的时候只说话。

6. 幽默是一个人的核心竞争力，你要学会善用幽默，活跃气氛。

7. 不必自卑，也不要自负。

8. 应酬的核心：你是一个有颜值、有内涵的人。

9. 无法获得成长和实现目标的应酬都是无用的。

人生中最值得的投资，也永远不会亏损的就是投资自己。只有不断磨炼自己、提升自己，你才能实现自我成长、终身成长。

演讲：与观众对话，为品牌赋能

很多人都觉得演讲很难，但其实我们怕的不是演讲，而是丢脸。很多可怕的事情都是自己凭空想象出来的，演讲也一样。只要肯学习方法和技巧，加上真实的情感表达和不断的刻意练习，任何人都可以从演讲初学者蜕变成一名演讲达人。

以我为例，我就是通过自身的努力，从一个演讲初学者，成长为一名演讲家的。所以，只要你肯用心，一切皆有可能，一切皆能实现。

只需两步，克服不敢演讲的心理恐惧

很多人说，我也想演讲，但是我一上台就紧张得汗流浃背，脸红心跳，该如何解决？其实，要想克服心理恐惧，一点都不难，只需要做好以下两步：

1. 心理暗示很有效

国外曾经做了一项调研,有两组小朋友要上台演讲,第一组小朋友上台之前一起做了超人必胜的动作,并给自己加油打气。另外一组小朋友则没有任何的沟通交流,就直接上台了。结果不出所料,加油打气的这一组大获全胜,分数比另外一组的高出很多。因此,克服演讲恐惧的前提是做好状态调控。如果实在不知道如何消除恐惧感,那你就和自己说话,给自己加油打气。

2. 降低预期就不会过于紧张

很多人说,我很紧张,害怕讲的时候忘词。为什么会紧张?是你的预期太高、杂念太多,总想着要惊艳全场,要讲出一场100分的演讲,但是前期准备又太少,这样怎能不紧张呢?倘若你对自己没有过高的预期,只讲出50分就好了,同时在台下做大量的准备、练习,那你就不会太紧张。

紧张感 = 预期 ÷ 准备。预期越小,准备越多,你的紧张感才会越轻。当你做足准备,不断给自己心理暗示,自然就不会紧张了。

消除心理恐惧是为了敢于上台,要想让演讲取得良好效果,脱颖而出,我们还需要掌握一些技巧。

"五度模式法"让你脱颖而出

我是一个善于总结的人。刚开始学习演讲时,我找遍了与演讲有关的书和视频,不断学习和总结别人好的方法。"五度模式法"是我从一本讲思维模式的书里学来的，即高度、深度、速度、广度、温度。用这样一个百搭的演讲框架进行演讲，能让你在一群人中脱颖而出。

有一次，一位做高端接待的朋友邀请我去参加他组织的年会。原本，年会跟我的关系并不大，但没想到，刚过一会儿，他的秘书走过来跟我说："安妮姐，我们有一个嘉宾突然不来了，有5分钟空场，我们领导推荐你上去讲几句。"我吃惊地说："这恐怕不太合适吧。"秘书又说："安妮姐，我们领导说你是做演讲的，随机应变能力强。你就上去讲讲吧，讲什么都行。"我酝酿了一会儿，就直接上台了。

"大家好，我是海归协会秘书长，是纳尔逊的好朋友。"（开场白，先做基本的自我介绍，让大家知道我是谁）

"认识纳尔逊已经很多年了，今天承蒙他的邀请，让我从客户和朋友的角度，对这次活动进行简单的分享。我用五个关键词，分享一下对他个人以及这家公司的尊敬和喜爱。"（先从总体上交代一下，下面再详细展开）

"首先，这是一家很有高度的公司，只有你想不到的，没有它做不到的。不管是去美国见巴菲特，还是去以色列见诺贝尔奖得主，作为随行的考察团，高度一定得够。"（从高度上做了第一点总结）

"其次，这家企业很有深度。无论是和他一起去美国，还是加拿大，我们都会深入地了解当地的风土人情。我们可以和当地人一起居住，让我深深地感受到，这是一次很有意义的文化洗礼。"（从深度上分享了我的想法）

"再有，它的发展速度非常快。三年前，这家企业还只有一个总部，

而现在，深圳、香港、北京等地都有了总部，还下设了七家分公司。"（从速度上进行了分享）

"同时，这也是一家很有广度的企业。为什么这么说？因为接待专家不仅可以去美国、加拿大，还可以去以色列、巴基斯坦、南非，无论到哪里，公司都会为客户提供最称心、最优质的服务。"（从广度上进行了总结）

"此外，这更是一家有温度的企业。有一次，我们跟随纳尔逊去日本考察，到达日本时已经凌晨了，周围餐厅都已打烊，天气也很冷。就在大家不知如何解决吃饭问题的时候，他给每个人提供了一份丰盛又热腾腾的便当，我本以为是快餐，结果打开是热腾腾的米饭。"（用一个小故事体现公司人文关怀的温度）

"最后，我想说的是，这个世界上不缺乏优秀的头脑，但真正能打动我们的是有温度的灵魂。"（最后用一句金句结尾）

"五度模式法"很百搭，很好用，无论是用它形容人、形容企业，还是形容一件事，都可以。当然我们也可以适当拓展一下，除了高度、深度、广度、速度、温度，还可以延展到力度、态度等，自由搭配即可。

"金句 + 故事 + 使命感"，更能打动观众

除了学习套用其他学科的方法，通过研究别人的演讲，我还自创了一种演讲结构：金句 + 故事 + 使命感。这个结构比较适合像我这样没有很强的演讲功底，没有任何天赋，但有一颗向上的心的普通演讲者。

掌握了这个结构就相当于掌握了观众的心,加上一定程度的训练,你就可以让自己闪闪发光。

金句:能够让观众积极思考,并且引发观众反思的话。

故事:最好是你的亲身经历或与自己相关的故事,并用真诚的方式表达出来。

使命感:你做一件事的意义,即你的价值观和主张。

给大家再讲一个案例,也是我经常讲的一个故事。在一次深圳市海归协会举办的海归人员论坛上,我作为主办方的代表,要进行5分钟的演讲。于是,我按照自己总结的"金句+故事+使命感"的方法和技巧,设计了这次演讲。首先,我明确了演讲的主题——为什么要举办此次论坛活动;其次,明确了观众的需求——演讲的内容和风格要符合年轻海归人员的"胃口";最后,演讲时间有限,我不是主角,海归论坛的五位嘉宾才是。

按照这个逻辑,我写下了三组关键词:一个故事(告诉大家我们为什么要举办此次论坛活动)、一句金句(我对五位嘉宾的欣赏和尊重)、共情(引发台下观众的共鸣)。于是,在活动开始后,我上台进行了5分钟的演讲。

"亲爱的朋友们,大家下午好!我是深圳市海归协会秘书长安妮。(先自报家门)

前段时间我去上课,老师跟我说,如果希望自己持续进步,那么你就需要找一个榜样。后来,我去复旦大学培训,被一位教授吸引了,她就成了我的榜样。大家想知道她是谁吗?"(用提问的方式与观众互动)

向上学习

有人喊道:"陈果!""对,就是陈果!陈果是复旦大学的教授,她最吸引我的是她洒脱和随性的性格。她从不做任何人生规划,常常说,明天和死亡不知道哪个来得更早,为什么要做计划?有人问她,你40岁了,却没钱没车没房,你真的快乐吗?陈果却回答,如果老天爷眷顾我,给我很多物质财富,那真是太好了;如果老天爷觉得我已经拥有很多财富,不再给我物质财富,那么请大家相信,我一定会用最优雅的方式来过这种尊贵的贫穷生活。我被陈果的这番话深深打动了。这个故事刚好诠释了我们为什么要举办这次海归人员论坛活动,我们的初心是展现不同海归人员的生活方式,并让更多海归人员知道,每个人都有自己的生活方式和生活态度,只要努力生活,每个人都是值得尊敬的。你们说是吗?"台下响起一片掌声。

"接下来,让我们以更加热烈的掌声欢迎今天的5位嘉宾。人生就像一出戏,虽然我们没有完美的剧本,但可以有完美的演技。今天演讲的5位嘉宾,他们是我心中的'奥斯卡最佳演员'。他们用不同的方式演绎着自己的人生剧本,演绎着自己多样精彩的人生。如果有人问我人生的意义到底是什么,我认为是:找到你自己,成为你自己,全力以赴地实现你自己。最后,预祝第八届海归论坛圆满成功!同时,希望在座的每一位小伙伴,都能成为最好的自己!"(用金句的方式说明了嘉宾的重要性,也对与会嘉宾表达了祝福并总结收尾)

用"金句+故事+使命感"的演讲结构完成的一次打动观众的演讲,它可以为我们的个人品牌加分。当然,要想用这个模式,我们平时就要注意收集金句,多准备能感动别人的故事,要引人发笑,引人深思，再利用金句，赋予使命感，这就是一场很成功的演讲。

演讲，可以让你从幕后走到台前，接受鲜花、掌声、目光与爱。一场成功的演讲，可以没有技巧，但一定要有真实的情感表达。只有打动人心，你才能走进别人的心。

第七章

终身向上学习,期待更卓越的自己

> 方法永远比困难多,成长从来都没有年龄的限制,终身学习,你将获得一片广阔的天地!

向上学习

最好的状态，是永远保持对世界的好奇心

什么样的生活会阻碍一个人的成长？一个人每天9:00准时上班，却不一定能按时下班，周末被工作占据，整天被安排得满满的，看似充实却忽略了非常重要的一点——成长。

一个人想要克服急躁，可以练练书法；想要提升美感，可以学习绘画；想要提升能力，可以向榜样学习……舒适圈不是安全区，无差别地重复工作，只能叫熟练，如果忙到连学习的时间都没有，那么你几年以后增长的就只有年龄和焦虑感。

小时候，我看过一段采访，其中提出的问题对我触动很大。主持人问一位女明星："在你的人生中，你最害怕什么？"她回答："我最害怕三件事，第一是变胖，第二是变丑，第三是变穷。"我心想，好巧啊，变胖、变丑、变穷不也正是我害怕的吗？

多年工作的历练后，如果有人再问我这个问题，我会回答："我怕失

去对这个世界的好奇心,害怕失去爱的能力。"我可以很肯定地说,现在我已经不再害怕失去外在的任何东西了,而是害怕自己的内心没有力量。

同时,我发现了一个不好的现象。现在,很多年轻人不是喜欢躺在家里,手机、平板电脑等电子产品不离手,就是整天在房间里睡觉,不爱和人说话、交流,丝毫没有探索外部世界的好奇心和欲望,整个人看起来松松垮垮的,呈现一种能量耗尽的状态。

失去好奇心的人,会丧失对生命的热爱

留学生活结束后,我也像很多海归人员一样回到了国内。归国初期,我很不适应,感觉身边的人都实现了财富自由、时间自由,有一份能为自己带来荣誉,改变了身份和地位的好工作,好生让人羡慕。当时,我内心充满了挫败感,整天沉浸在沮丧郁闷的心境中,颇有一种不得志的感觉。现在看来,当时的我就是对生活失去了好奇心,自己才被眼前的景象束缚住,沉迷在和他人的比较中,一直走不出来。

当然,我也是经过一段时间后才发现了这个问题。那是什么触动了我呢?你可能想象不到,其实就是身边的一些小事。

我发现,我们身边的环卫工人、汽车司机、清洁工人们,虽然每天做着繁重且重复的工作,但他们的脸上永远挂着笑容。我每天都能听到他们爽朗的笑声,这笑声传递给我一种积极向上的情绪。从他们身上,我悟出了一个道理:当你对身边的小事、身边的人都充满好奇时,当你

能每天都走出自己的"舒适窝"去探索新天地时，你才会更热爱这个世界，生命才会更有质量。

十年前的我，只是上市公司的一颗小螺丝钉；现在的我，已经出版了4本书、穿越了戈壁沙漠、去了30多个国家、进行了100多场演讲，不仅能独当一面，还能处理好各种关系，活成了自己喜欢的模样。

拥有强大的好奇心，让人乐于向上学习

我做到这一切的方法，只有一个：好奇心的驱动。人的好奇心一旦被激发，就会发现学习不仅是一件很有趣的事情，还会变得很容易。好奇心会驱使我们不断学习，打破思维定式，突破认知局限，改变心境，扩大格局。

如果你拥有强大的好奇心，就会乐于向上学习，且不局限于某一个方面。向上学习从来都不是单一的，而是多元的，是德智体美劳的全面发展，而好奇心可以让我们对各行各业、方方面面都充满探索欲，想要进行学习和了解。

我是一个肢体不太协调的人，当我看到很多跳街舞的女生跳得都很厉害时，我就想为什么她们可以跳得那么好？为什么她们的肢体可以如此协调？在好奇心的驱动下，我萌生了学街舞的想法，于是，我立马找到一位街舞老师向他学习，让自己能在舞蹈方面有所突破。

如果你拥有强大的好奇心，就会乐于探索事物的本质，不断进行思考。大脑是需要锻炼的，越锻炼越灵活，如果长期不让它"思考"，它的

反应能力、接受新生事物的能力就会下降。而好奇心恰恰可以有效保持对大脑的刺激，防止大脑记忆和认知能力的退化，也可以让思维保持活跃。

我们在向上学习时保持好奇心，就不会浮于表面，也不会每次都只有"三分钟热度"，更不会盲目学习碎片化内容，反而会积极主动地寻求"底层逻辑"，有效地筛选和规避那些无关的内容与无用的信息，让学习更加系统化。

如果你拥有强大的好奇心，那么你的沮丧郁闷的心情会很快消散，进而减小压力，减少内耗。就像我之前讲过的个人状态一样，没有好奇心的我，对世界的万事万物都变得无感，把自己搞得很压抑、很焦虑。但当我发现了生活的乐趣，找到了目标去学习、去突破的时候，立刻就让自己从纷繁的工作中暂时抽离了出来。从这个角度来说，好奇心在一定程度上起到了解压的作用。

保持好奇心的方法论

知道了好奇心这么多的好处后，我们可以通过以下方法不断探索新的领域，结识一些新鲜有趣的朋友，利用好奇心驱动自己持续进步。

长期保持好奇心，要坚持运动。身体是一切的根本，是一个人运势的起点。当你运气不好时，不要只想着怎么调整运气，你可以先从调整身体开始。

虽然我们有好奇心，但大脑是特别懒惰的，它会习惯性启动"简单的思考方式"去解决问题，而运动可以开启大脑，让大脑保持活跃，让我们以更饱满的状态、更充沛的精力去探索世界。

　　我遇到过一位男士，2020年，他正在做学前教育。由于一些不可控因素，公司遭受了重大挫折，他变得很沮丧。但现在的他却十分乐观，他是怎么走出来的呢？原来，他每天都会进行网球训练，在训练的过程中，他会忘记痛苦和磨难，内心也逐渐变得更强大了。

　　长期保持好奇心，可以多看看这个五彩缤纷的世界。儿时的我们，会对树叶、云朵、彩虹、天空等世间万物充满好奇，然后探究其中的奥秘。但长大后，我们变了，变得对任何事物都不再充满探索欲，好奇心也一点点丧失了，取而代之的是成熟、稳重、勤奋等品质。虽然这些品质很可贵，但世界那么大，我们还是应该多出去走走，见一见想见的人，看一看未到过的地方，尝试做一些自己从来没有做过的事情……这样我们才能保证每天都是快乐的，是积极向上且充满斗志的。

　　长期保持好奇心，要尝试突破自己的极限，看见隐藏在内心深处的那个强大的自己。在我看来，很多人失去好奇心是因为一直保持一成不变的状态。比如，我是一个四肢不协调的人，别说跳舞了，就是跑步都不太在行，但我不跑又怎么知道自己的极限呢？所以我不断尝试，选择从自己充满好奇、想要尝试且对自己比较有意义的一项运动开始练起。慢慢我就发现，原来运动也可以很好玩、很有趣。

　　一个拥有好奇心的人，永远都不会老，永远都在成长。他们每天都对世界有新的认识，发现原来世界这么有趣，生活也并不枯燥。所以，请你保持对这个世界的好奇心，别轻易被世界改变，做个有意思的人，永远保持年轻，永远充满激情。

学会自律，活出更有激情的人生

生活中，你会发现，有一种人，他们每天都活得精神抖擞、容光焕发、乐观向上，做什么事情都很容易成功。还有一种人，他们整天唉声叹气、怨天尤人、精神涣散，做什么事情都心有余而力不足，一事无成，如同行尸走肉，痛苦迷茫。

这两类人形成了鲜明的对比。为什么有的人会活得越来越有精神，而有的人却活得越来越累呢？自律是一个重要的衡量标准，它是一种让自己变得越来越有活力的有效方法。

在真实体验中形成自律

如今，我那个爱迟到的小助理已经开始改变了。她从拖延迟到逐渐变得自律，变得更加优秀了。

某一天,她突然跟我说想养成运动的习惯。我想,这不是很简单吗?跑步就好了呀。她说:"我也想养成跑步的习惯,但是我坚持不了,安妮姐你有很多好习惯,能帮帮我吗?"我想,我在这方面并不擅长,我帮她求助专业人士更靠谱。正好,我认识一位跑马拉松的朋友。我和他说明小助理的诉求后,他很肯定地说:"你就放心把她交给我吧,我保证让她坚持跑步并爱上跑步。"

大概几个月之后,我们开年度总结会,小助理对我说:"安妮姐,我今年最大的收获不是做了多少业绩,也不是赚了多少钱,也不是认识了多少人,而是我在10个星期内竟然跑了150公里。""150公里!这么厉害?你到底是怎么坚持的?"我惊奇地问。我不太理解一个有着拖延症的人怎么能做到每天都跑步。

她把她和朋友聊天的过程向我复述了一遍:

"你是不是想坚持跑步?"

"是的,但是我不太能坚持下来。"

"我能保证让你跑步,而且是坚持跑步,但你要答应我一个要求。"

"什么要求?"

"我会拉你进一个群,但是这个群只能进不能退,退一次罚款4万元,你要遵守这个群的规则,能答应的话我就拉你进去。"

小助理心想:进群不能退,那就不退呗;退群要罚款4万元,退了就罚呗。这个要求她能接受。然后,她就进群了。

这个群里有80多个人,有一个规矩:从周一到周日,每周要跑15公里,跑不到罚款5000元,可以退群但要罚款4万元。这罚款确实有点多，实在没办法，小助理只能按照群规则的要求做，每周坚持完成任务，以至于很多次我给她打电话交代工作的时候，她都在跑步。

在这期间，有两次经历非常有趣。某个周日，我带她到内蒙古出差，约好了 6:00 吃饭，她提前半小时到了，她说这周还差 5 公里的任务，想围着餐厅跑步。然后，她就拿出一双跑鞋穿上，围着餐厅跑了半个小时。我当时都惊呆了，她简直是换了一个人呀！

还有一次，也是周末，我们赶飞机，到了机场后她很开心地说："安妮姐，太好了，飞机晚点了。"我说："这有什么好的，咱们得多等会儿了。"她说："安妮姐，你坐在这边等我一会儿，我在候机厅跑几圈，完成这周 15 公里的打卡任务。"然后，她真的在候机厅里来来回回地跑。

现在的她，每周跑三次，每次 5 公里，也就是每周跑 15 公里，这让她整个人都有了很大的变化：她的身体素质提高了，精神状态变好了，能早睡早起了，也不爱生病了。

养成习惯，变得自律需要一个过程。可能前期是痛苦的，但是养成习惯之后，你就会看到另一个优秀的自己。

一些自律小习惯

学会自律，养成习惯，才能实现真正的自我成长，激活自己的内在动力，我分享几个自律小习惯，让我们都能变得越来越优秀：

1. 养成随时记录的习惯，你的工作才不会有遗漏；

2. 每周一制订本周的工作计划，每天早上制订当天的工作计划；

3. 做事情从来不拖延，立刻执行；

4. 信守承诺，答应别人的事情一定要做到；

5. 坚持每天写日记，把每天发生事情记录下来；

6. 早睡早起不熬夜；

7. 先苦后甜，先完成任务再休息，不完成就不休息；

8. 时刻保持微笑，散发个人魅力。

……

养成一个好习惯，能够真正帮你做好时间管理，也会让你收获良好的人际关系。其实，我知道大家都想培养好的习惯，成为优秀的人，但理想是丰满的，现实却是骨感的。培养习惯的过程中，我们往往会遇到很多问题。比如，你想要坚持一个习惯，但工作特别忙的时候就做不到了；或者自己设立的目标，只要没做到你就会很气馁；再或者养成一个习惯后，刚开始很开心，久而久之你会觉得反复做这件事很枯燥乏味，就不想再坚持下去了。

养成习惯的四条建议

养成一个习惯很不容易，并不是所谓的"21天轻轻松松养成一个习惯"。可能最少需要一两百天，而且需要长年累月地做，你才能让一个行动变成一个习惯。所以，我的建议是：

认知自己，给予对应的方案。世界上有三种人：第一种是棍棒型，第二种是胡萝卜型,第三种是自驱动型。我就是自我驱动型的人,小助理就是棍棒型的人。她虽然家里有钱,不太怕罚款,但4万元确实有点多了,所以教练针对她的特点制定了习惯养成方案,让她做到了坚持跑步。因此,在养成习惯前你要知道自己的类型,然后制定相应的方案,就可以了。

不要一次性养成很多习惯,从一个小的习惯开始做起,更容易成功。比如,你想培养运动的习惯,方式有很多,跑步、仰卧起坐、游泳等都是不错的选择。但你不能每一项都做,你可以选择自己喜欢的项目一点点学习,然后为它设置不同的难度等级,根据自己的情况灵活调整强度与难度。

要适当给予自己奖励。为什么要给自己设置一些奖励呢?因为奖励就像游戏里提前安排好会掉落的装备一样,能刺激我们的大脑分泌多巴胺,帮助我们养成习惯。那么,我们应该怎样设置奖励呢?在我们坚持养成一个习惯后,可以给自己买一个心仪很久的东西,或者请自己吃顿大餐。不过,奖励不一定是物质奖励,还可以是进行一次旅行,看一场非常喜欢的电影,或者做一件自己一直以来想要做的事情。

多接近有优秀习惯的人。一个优秀的人除了不断设立目标,一定还拥有很多好习惯。人与人之间的差别,在很大程度上是习惯的差别,而优秀的人一定具有普通人没有的习惯。比如,我的一个朋友,他加入了一个早间禅修圈,每天早上5:00闹钟一响,他就在群里打卡,慢慢就养成了早起的习惯。

向上学习

加长长板让你出类拔萃,补足短板让你不掉队

工作中,很多职场人会遇到一种情况:做自己擅长的工作时得心应手,但在不擅长的领域就表现得畏首畏尾,能力平平了。对于这种情况,有的人说要补齐短板,尽可能让自己的各方面能力水平相当;有的人则说要发挥长处,突出自己最强的一面。

这两种做法,各有各的道理,以至于让很多人陷入了迷茫。从本质上讲,这两种做法对应的其实是"木桶理论"的传统版和更新版。传统版的木桶理论认为,一只由长短不一的木板拼装而成的木桶,它能装多少水,取决于最短的那块木板。更新版的木桶理论则认为,应该把木桶朝着最长的那块板倾斜,让这块长板更长,这样木桶也可以装更多的水。

在当下这个充满不确定性的时代,基于传统木桶理论形成的新的木桶理论显然更适应大众需求。可是,多数人更愿意弥补自己的短板,希望在不擅长的领域有所成长,从而激发自己的潜能。那么,我们应当如何补齐自身短板呢?

把短板尽量补长，让长板变得更长

每个人都有自己的长板和短板，我也一样。发挥长板优势能让你出类拔萃，补齐短板能保证你不会掉队。比如，我的公关能力、销售能力都很强，这些都是我的长板。但我的财务、运营、法律法务知识薄弱，这些则是我需要补足的短板。

那我是如何调整和改进的呢？人不可能永远只做自己感兴趣的事情，也不能只学自己想学的知识。对于不擅长的领域，我们可以不够专业，但是需要了解。

比如，我很不喜欢财务知识，看到资产负债表就头疼。那我是如何坚持学下去的呢？我在留学期间学习财务相关课程时，虽然我听不懂老师在讲什么，但我知道我不能掉队，我对自己说，不如把财务课程当作英语课程来学习。如果能把财务专业英语学懂悟透，那我的英语水平应该会有飞跃式的提升。想到了美好的结果，我就尽可能让这个过程变得有趣。我寻找老师身上的闪光点，多和同学们进行探讨。就这样，我取得了还不错的成绩，我很开心，也很满意。虽然短板不一定要和长板一样长，但是我们可以尽量让它长一些，这样对我们的工作和生活都有一定的好处。

学会抓重点让你事半功倍

每个人、每科知识都有值得我们学习的地方，要想对不擅长的领域有所了解，另一个快速实现的方法是转变方向、抓重点。当你做一件事情时，能够抓住重点，你就可能事半功倍，抓不住重点则可能事倍功半。

比如，我知道自己极其不擅长体育项目，肢体很不协调，但是我又想学会打网球，怎么办？方法就是抓重点。

我学习网球时，恰好女儿也在学网球，她学得很快，技术很棒。有一天，女儿的班主任给我发信息："您女儿的网球技术很棒，听说您也在学习网球，最近学校要举办一场亲子网球比赛，我想给您一个邀请名额，不需要交费，您还可以和深圳的亲子网球达人交流切磋，是一次非常好的练习机会。"我看到信息后，正犹豫着怎么回复，班主任又发来一条信息："您不会想拒绝我吧？"我赶紧解释："我不是想拒绝您，只是我目前的水平还不够，只能接到球，无法打到球。"老师问："您请的是中国教练吗？"我说："是一个外国教练，日常训练用英语。"她说："那您是不是听不懂？"我说："教练说的我都听得懂，教学也没问题，主要是因为我确实体育不太好，以至于学习后还是在技术上没有很大的进步。"除了让老师见笑，我的朋友也经常笑话我："安妮，你学网球的教练费那么贵，学了几个月了还打不到球，要不你找他们退钱吧。"

通过这个故事，我想说明，按照大众的想法，学网球就是为了打得好，变专业。可我学网球，并没有抱着这样的想法和追求。为什么？因为我知道自己的重点是：第一，我学习网球不是为了成为专业选手，而是把它看作一项运动而已，对技术的要求并不高。第二，学习网球是进行社交的过程。每次我去打网球，都会带上一位朋友或同事，或者认识一位新搭档，在运动的同时，我可以把工作和社交都处理好，何乐而不为呢？第三，网球可以训练我的爆发力和协调能力。由此可见，灵活转变方向，抓住重点，就让我的运动、社交、肢体协调能力一起得到了提升。

找到底层逻辑，把你擅长的和不擅长的领域结合起来

面对自己不擅长的领域，如果不希望自己看起来很外行，闹笑话，我还有一个方法，就是找到事物的底层逻辑。

有些事物是万变不离其宗的，也许形式一直在变，但内在的底层逻辑从未变过，所以我们要找到事物的底层逻辑，将自己不擅长的领域与自己擅长的领域结合起来。

对我来说，理论学习是我需要切实强化的领域。当对于国家政策、理论思想学习不够深入却又要发表感想时，我就会很焦虑。后来，我学会了一招，屡试不爽：把我擅长的海归人员工作与不擅长的思想汇报结合起来，具体可以分为三点：

1. 表达感谢之情

例如：作为一名海归协会工作者，我觉得这个时代是最好的时代，感谢领导能给我机会让我学习，让我进步。（发表感想时不讲具体内容，也可以不脱离中心思想）

2. 做好擅长领域的工作

进行思想汇报和发表感想可能不是我擅长的领域，但是讲海归人员工作可是我的"拿手菜"，所以我会结合海归人员的发展、海归人员的立场谈感想，基本上不会出错。例如：作为一名海归协会秘书长，我在这个行业深耕了 13 年，深刻感受到海归人员发展的变化。十年前，海归人员的发展机会有限，而现在海归人员却有机会大显身手，而这离不开国家和政府的支持与引领。（把不擅长的思想汇报与自己的个人经历相结合，既让大家了解我的事业，又可以展现海归工作在国家政策支持下的发展成果，自始至终我都没有脱离主线）

3. 表明心态，表达决心

例如：在接下来的工作中，我将继续为海归人员服务，为社会贡献我的绵薄之力，凝聚海归力量助力深圳高质量发展。（让大家能感受到我对这项工作的热爱，并且我愿意深耕这一行业，为深圳、为海归人员贡献力量）

理念，靠纸上谈兵一定是不行的，我们还要在实践中尝试。有一次，深圳市组织召开 ×× 发展会，我作为受邀嘉宾参与其中。当时，我第一次接触这个主题，对它有点陌生，理解上有些不到位。但我存有一点侥幸心理，心想在场的都是比我厉害、比我优秀的企业家，应该不会让我上台发言，于是默默坐在台下认真听。突然，主持人点到了我的名字，"唐秘书长，您来分享一下心得体会吧"。突如其来的邀请令我措手不及。从站起来到走上台的短短时间内，我的大脑快速闪现出一套模式：感谢 + 自己擅长的领域 + 决心。

大致的框架出来了，再填充骨肉就好了。于是站在话筒前，我说：

"感谢领导给我机会，让我参加这次会议，今天学到了很多新知识，受益匪浅。作为一名海归人员工作者，我感受到了深圳对海归人员工作的大力支持，也感受到了海归人员力量在逐渐变得强大。在以后的工作中，我会继续为祖国、为社会、为海归人员的发展贡献力量。"

最后，我再总结一下如何面对自己不擅长的领域：

1. 克服自己内心的恐惧

恐惧往往是阻碍我们学习的一大障碍，我们要不断地给自己正向的心理暗示，给自己加油打气，坚信自己可以学好。

2. 遵循学习的一般规律

一般情况下，我们按照从简单到复杂，从具体到抽象的规律进行学习，这样有助于增强自己的信心。如果反过来，结果极有可能适得其反，你不仅学不好，还会给自己之后的学习造成很大的困扰。

3. 千万不可封闭自己，闭门造车

当学习中遇到困难时，不要自己一个人解决，你可以向朋友、老师、榜样等学习，虚心请教，效果可能会更好。

4. 要充分利用一切媒介学习

如果觉得看书很累，你可以找一些视频和音频学习；如果觉得线上学习不够生动，你可以参加线下演讲现场感受。总之，找到你比较喜欢、比较舒服的方式，会让学习更得心应手。

5. 要设立学习目标

在完成一个小目标后，我们可以打一个钩儿，这样就会不断增强自己的信心。

向上学习

从有用到有趣，是心境的变化和成长

从小到大，我都很羡慕那些有趣的人，很喜欢和他们一起玩儿、一起学习、一起打闹。为什么我会这么说呢？因为我曾经是一个极度"有用"的人。后来，我慢慢才发现，有用是一种理性的选择，可以让我们谋生，但有趣代表着智慧，也代表着生活情趣，可以让我们的生命充盈丰满。

有用，是一种理性的选择

我记得，从很小的时候开始，我的志向就是成为一个有用的人。我也的确做到了。从小学到大学，我都是班长、学生会主席、老师眼中的"三好学生"、同学眼中的优秀班干部、其他家长眼中"别人家的孩子"。

为了实现我的这个志向，我做了很多"有用"的选择。比如，小学时，我们会选择课外活动，有比较有趣的鲜花队、鼓号队和舞蹈队。我觉得，女孩子学习舞蹈可以培养优雅的气质，也可以报考我喜欢的艺术学校，而鲜花队和鼓号队与我的目标和方向有些背离，所以我果断放弃了。长大后，我期望自己能成为一名专业的商务人士，便依然按照"有用"的方向努力。我每天会学习一些比较实用的商业知识，比如，商业管理、财务知识、法律知识等，但我极少会花时间学习哲学、心理学等知识，更不会给自己时间去旅游。

这样看来，我的选择很像是一个"让自己赢在起跑线上"的案例。但事实果真如此吗？某些情况下，"有用"是有一定价值的，它是一种理性的选择，至少可以让我们更好地学习、工作，谋求更好的生活，但"太有用了"反而不是一件好事。久而久之，我感觉自己就像一个有用但无趣的机器人，每天按照固有的模式重复着固定的工作，过着千篇一律的生活。规划多了，创造力也会被规划掉。

意识到这一点后，我才发现身边很多姐妹都是有趣的人，她们最大的表现就是很快乐，很自由，总是一副无忧无虑的样子。但是想要变化也不是说出来就能做到的，我的改变还得从一次谈话说起。

有趣，是一种感性体验

我有一个朋友，她的人生信条是：人生要经历各种各样的色彩。因此，她的生活就是浪迹天涯，体验各种精彩有趣的生活。她每次打工赚到钱，就会选一个地方去旅行，就这样，她已经去过200多个地方，体验了不同的风俗和特色。当时我不太能理解她，我认为这样的生活太不稳定了。

后来，她和我讲了她很多精彩的经历。比如，她在亚马孙河游览了14天，那里有一群鳄鱼，因此，她拿着两把枪坐在小船里；她在撒哈拉沙漠中牵着一匹骆驼一直走，用刀亲手杀死了一匹要攻击她的狼。在我听完她讲的这些经历后，我觉得当她离开世界的那一天，她的人生一定是圆满的，但是当我离开世界的那一天，除了工作，除了忙碌，我还有什么？好像什么都没有。

这件事情让我反思：人生是有弹性的，不可能永远放松，也不可能永远紧绷，有张有弛才能获得更有意义的人生。我要变得有趣一点儿，到离开世界的那一天，我一定要对过去做的事情感到充满欣喜和认同。

我的另一位朋友蒂芙尼认为，人生就是一场戏，因为有趣才相聚！她告诉她老公："如果你没有做好跟我游戏人生的准备，就不要跟我结婚了！"他们俩在一起的时候，经常打打闹闹开玩笑，感觉是两个没长大的孩子，但同时也让他们的婚姻充满了欢乐和趣味。

从有用变有趣的三个小方法

现在的我，一直在追求让自己慢下来，空闲时和朋友吃喝玩乐、发发呆、爬爬山，这些活动让我逐渐变得有趣。我虽然做得还不是很到位，但也一直在尝试。下面给大家分享我的一些小方法。

有趣是准备出来的，多多培养自己的幽默感。想让自己变得更有趣，你应该准备一些有趣的素材。比如，多准备一些笑话和段子。我不太会讲段子，但擅长讲故事，比如，打网球的故事，我一讲完就会让人哈哈大笑，让人觉得我很幽默，也很有趣。

多接触一些有趣的灵魂。所谓"近朱者赤，近墨者黑"。当你多接触那些有趣的人时，慢慢就会受到他们的感染，从而变得更加放松，也更加有趣。人生路上，要多和这样的人相聚同行，因为和他们在一起，你才会更像你自己。在无趣的世界里，你只有找到有趣的活法，拥有有趣的灵魂，才能更好地感知幸福，感受美好，感觉爱意。

新的尝试，能给人带来意外感，让别人觉得"原来你还可以这样"，激发他们对你的好奇心。当你一次次接触新事物时，还可以挖掘自身潜力，收获生活里的乐趣，整个人的状态也会非常好。这就是一个正向循环，你也会因此拥有真正有趣的灵魂。

不管现在的你是有用的，还是有趣的，希望你知道：

1. 有用，可以让你赚到钱，但有趣可以让你体验生活的美好和真谛。

2. 这个世界可能会善待一个有用的人，但会更深爱一个有趣的人。

3. 有趣是一种体验，是一种新的尝试，需要用智慧去沉淀。

4. 有趣代表着乐观与上进，这是对人生充满无限热爱的一种体现。

5. 有用，是理性的；有趣，是感性的。工作中需要有用，生活中需要有趣。

6. 有趣是一种人生态度，也是一种实力。

老舍先生曾说："一辈子很短，要么有趣，要么老去。"往后余生，我们不要做个无趣的人让自己湮没于人海，而要做个有趣的人散发独特的光彩，在千篇一律的日子里，活出独一无二的自己！

向上学习

拥抱不确定性，在向上学习中持续成长

一件事发生之前，谁也不知道它会如何发展，这就是不确定性。在这个充满不确定性的世界里，唯一确定的只有变化。既然世界充满了不确定性，也没有一个标准的答案，那我们面对问题时该如何求解？我给出的答案是：时代是不确定的，学会拥抱不确定性，你就在不断成长。

我以前的追求是稳定，希望人生可以按计划行进，希望一切都按照我的状态来设定。但是，后来发生的各种事情让我意识到：不变是短暂的，变化才是永恒的，变化是不变的根本。从我离开上市公司，开始做海归协会之后，我有了特别大的变化。

不做长期规划，只做短期规划

人生是一场漫长的马拉松，没人知道下一时刻会发生什么。太长远的规划也并不能让人生尽善尽美,所以我的计划从以前的十年、五年转变为了现在的三年、一年,我逐渐变得只关注眼前,更注重当下。

找到自己不可替代的价值,努力深耕

在这个充满不确定性的时代,每个人都是强大的个体,有自己的独特属性。当个体与时代属性相结合时,我们要学会分析,特别是在人工智能时代,什么能力是持续向上走,不会被替代的?答案无疑是创造力、审美力、同理心。

与这几点能力相关的行业都是人工智能无法取代的,具有不错的发展前景。创造力,即创新。与创新相关的项目,就是可持续发展的工作。审美力,即对艺术领域的评价、鉴赏能力。虽然在这方面我涉猎较少,但是我可以尝试艺术相关的跨界合作。同理心,即将心比心、换位思考的能力。恪守同理心推动公益和慈善事业发展,是我们应当肩负起来的社会责任,需要用一生去不断发掘与完善。

作为一名社会活动家,一个联络企业和政府的"枢纽",我会围绕这三个能力与我的工作进行比对分析,不断深耕工作中不能被替代的能力,果断放弃可以被随时替代的内容。

向上学习可以抵御所有的不确定

当今时代,不确定性的事情越来越多。成败可能是随机的,生活也可能是随机的。不过，只要我们时刻保持学习力，为自己积攒好抵御风险的能力，关注不变的底层逻辑，提升应对能力，我们就能更好地掌控和把握生活。

接纳不确定性的存在。当下，我们不应再一味地追求所谓的确定性，因为已经不存在"铁饭碗"了，拥抱现代社会的不确定性才是唯一的确定性。只要明白了这点，你就能坦然面对一切变化。因为不确定性的反面就是机遇，当然，前提是你要提前做好准备，能感知到新机会的到来并有能力把握住。

学习学习再学习。机会是留给有准备的人的。在外部充满不确定性的时候，如果我们还是一味地向外用力，那结果极有可能是竹篮打水一场空。我们无法控制外部环境的变化，因此，当下的年轻人应当竭尽所能开阔视野、扩展人脉和资源，始终保持对外界变化的敏感性，同时努力向内寻求解决办法，不断提升自我认知，精进一项技能。只有通过"学习学习再学习"，努力与这个世界保持紧密的联结，才是我们"应万变"的根本之法。

长期坚持好的习惯，终身受益。通过学习提升自己的过程中，好习惯会发挥重要作用。但对大多数人而言，习惯的养成是枯燥乏味的，也是不断磨炼意志力的过程。作为一个普通人，要想成为精英人士，你就需要做一些反人性的事情。早起是反人性的，自律是反人性的，做时间计划也是反人性的，正因为太多人做不到，如果你做到了，就是与众不同、出类拔萃的。

小步试错，在实践中摸索跨越不确定性的方法。当然，面对不确定性，有些人会选择封闭自己，拒绝接受新事物和新趋势的冲击；也会有人会选择小步试错，通过低成本、高产出的方式试错，在不确定性中寻找新的机会。

比如，写了《三体》的刘慈欣，一边在事业单位上班，一边在业余时间写作；做出"樊登读书"品牌的樊登，一边在学校当老师，一边创业。他们都有一个共同点：既享受确定性，又会拥抱不确定性。他们可以从充满确定性的工作中获得稳定的收入，也可以从不确定性中受益，通过写作或创业让自己发挥天赋和特长，让自己过得更好。

在行为上多做利他的事情。未来的世界会更趋于扁平化。专业的人做专业的事，会是大势所趋。对当下的年轻人来说，他们还有出人头地的机会吗？答案一定是有的。只要我们能掌握利他法则，向外部世界与他人多多散发善意，机会就一定会以其他方式回报到自己身上。

这些不变的底层逻辑，会成为人生中确定性的基石，帮助我们站得更高，望得更远。在这个多变的世界中，我们需要学会的就是拥抱不确定性。只要正确地应对它，努力争取主动并拥有果敢的决断力，我们就能成为自己命运的掌控者，成功也一定会属于我们。

寄 语

在这个充满不确定性的时代,如果我们一直向外求,极有可能竹篮打水一场空。那我们应该如何更好地应对不确定性?正如书中所说:学习学习再学习、升级自我认知、保持对外界变化的敏感、精进一项技能、开阔视野、扩展人脉和资源……尽自己的一切可能、尽自己最大的努力,与这个世界保持紧密的联结。向上学习,才是面对不确定性的根本解决之法。

—— 冯唐

诗人、成事不二堂创始人

未来的世界,不是竞争能力的世界,而是竞争影响力的世界。向上学习,能帮你打破无效努力,跳出"越努力越平庸"的怪圈,撬动人生杠杆,整合资源,开启倍速人生。这是一本人人都用得上的成长指南书。它不是让你成为一名机械的学习者,而是让你用向上学习的方法获得更多的成长,赢得更强的影响力。

相信书中的故事和方法,能带给你自我选择、自我成就和自我绽放的智慧和勇气。

—— 古典

新精英生涯公司创始人、个人事业发展顾问、
《跃迁》《拆掉思维里的墙》作者

常言道，爱笑的人运气不会差。虽说运气有点虚无缥缈，但爱笑的人在生活中有着乐观积极的心态，往往能让很多事情变得一帆风顺。安妮就是这样的一个人，不管遇到多么大的困难，她总是浑身充满正能量，会用优雅的态度面对生活，并从中学习，让自己不断成长，不断释放。

祝福，并与读者朋友共勉。

—— 汤继强

西南财经大学教授、西财智库首席经济学家

开放的心态、看到别人的长处、联结人脉资源、做人做事靠谱、把自己打造成最好的社交平台等，安妮把"向上"的方法，用平实且接地气的表述方式和读者分享。这如同老朋友围炉品茶夜话，轻松又有养分，值得细细品味。

—— 黄赟

顺丰集团首席战略官

不要害怕优秀的人不搭理你，你优秀了，自然有对的人与你并肩。安妮就是这样做的：每遇到一个比自己优秀的人，她从来不会羡慕嫉妒恨，她的想法一直是"我能从他身上学到什么？我如何成为一个像他一样优秀的人？如何才能超越他？"。因此，做一个聪明的"笨人"，怀着一颗谦卑的心真诚学习，是与优秀的人联结的关键。

—— 孙丹

希捷科技全球资深副总裁暨中国区总裁、
深圳市智慧城市产业协会会长

长得漂亮是优势，活得漂亮才是本事。安妮就是这样一位美貌与智慧并存的职场女性。这已经是安妮出版的第五本书了，我很佩服她的时间管理能力和执行力，她一直在用实际行动提升自己，点亮自己。

预祝安妮的事业能够更上一层楼，也希望安妮的学习心法可以影响到更多的人。

—— 姚小雄

深圳市天使投资引导基金管理有限公司党支部书记、董事长

安妮是个晶莹通透的人，从内到外散发着迷人的光彩。这几年发表的作品透露了她的秘密：人之美更在于对这个世界进行深度探索和永无止境的精神提升。古人云，"苟日新，日日新，又日新"，安妮正是当下的践行者。

—— 王穗初

深圳机场集团副总经理

作为一个"人才老兵"，我非常欣赏和赞同安妮的成长思维和成才思路：从认识自我开始，到培养联结他人的情商，到做靠谱人做靠谱事,一直到终身学习和终身成长。相信每一个读者都会从她的书中受到启发、产生共鸣,向高人学,向高处行,实现从个人成长、成功,直到成就自己,成就他人。

—— 翟斌

深圳人才集团总经理、

公益组织"雨亭行动为国储才"基金发起人

生活中的事件大致可分为两类,一类是可控的,另一类是不可控的。正如书中所言,我们要做的应该是像将要起航的飞行员一样,抓住那些可控的事情并尽力做到最好,至于那些不在掌控范围内的事情,只需要摆好心态任其自然地发展,再灵活应对即可。

—— 马克

瑞士洛桑国际管理发展学院中国区负责人、

创新与战略教授

正如古人所说:"欲得其中,必求其上;欲得其上,必求上上。"真正的高手,都懂得"向上学习",他们往往坚持着不断地提升自己的认知和思维,摆脱平庸,让自己变得更加强大。

—— 刘科

能源科学家、南方科技大学清洁能源研究院院长、

南方科技大学创新创业学院院长

寄 语

"读万卷书、行万里路。"阅人无数、高人指路、贵人相助，这些无疑是成材和成功的必由之路。但这还有个前提，那就是"自己开悟"。不断提升自我认知，其中的关键一招，就是本书中所说的"向上学习"。只有站在巨人的肩膀上，我们才能廓清迷雾，事半功倍，在不确定的世界中找到最大的确定性。

希望各位读者都能在书中获益，找到适合自己的成功之路。

—— **沈寓实**
格鲁吉亚国家科学院外籍院士、清华智能网络计算实验室主任、
飞诺门阵科技董事长

聪明的人，都懂得"向上学习"，他们总会有一种长远的目光，在做任何事情之前都会深思熟虑。因为只有当自己做好充分的准备时，你才能从容面对一切困难和挑战。

如果你想在未来脱颖而出，那就必须从现在开始提升自我；如果你想在未来有所成就，那就必须从现在开始积累资源。

—— **于晓非**
佛教文化研究专家

这本书是写给迷茫、焦虑的年轻人的发展指南，简单、实用、有效。安妮从大众用户的痛点问题出发，在书中帮更多的年轻人瞄方向、找定位，做精准努力，让他们在成长和奋斗的道路上避免踩坑、突破瓶颈、找到诀窍，从而脱颖而出，一路向上，实现人生高效跃迁。

——艾力

《奇葩说》辩手、原力英语创始人

在纷繁复杂的环境下，你是选择徘徊、安于现状，还是寻找突破的方向和机会？安妮在《向上学习》这本书中直接明了地说明了个人成长和奋斗的方法与路径，值得学习。

——任颐

北京大学汇丰商学院副院长

安妮写的书，每个字都很轻，但每个想法却都很重。这本书，是一本指导我们如何向上学习，告诉我们人与人如何互动的工具书。每个忙于事业、疏于自省的城市"行动客"，都应该读一读。我推荐这本书。

——吴小平

亚洲先进工业基金执行合伙人、核聚资本合伙人、中流资本总经理

安妮是我多年的老朋友了，她身上有很多标签：海归人士、创业者、企业家、协会秘书长、作家、演说家……依托多重标签，她为很多年轻人解答了提升职业发展的路径以及打造社会

核心竞争力的方法——不断完善自己，不停地学习，向上学习，拥有更多的核心竞争力！

—— 马耀光

美圣投资 Mashington 公司亚太区总裁、美奇资本电商董事长、深圳前海硅谷国际 SVI 创新科技开放平台 CEO

安妮展现着深圳"斜杠青年"的模样。难得的是，她把每一条"杠"都做到很强，我由衷地欣赏她拥有如此丰盈的人生。在《向上学习》这本书中，她从认知自我、修炼情商、做人做事靠谱、精准社交、突破圈层、打造个人品牌、终身学习七大关键方面，送给新时代年轻人七个高效能提升自我的方法，值得品味。

—— 房涛

深圳市政协常委、深圳市新的社会阶层人士联合会副会长

在我的眼中，安妮是一位美貌与实力并存、精力特别旺盛的才女。无论在哪里，她都是一个耀眼的闪光点，也一直用实际行动点亮着自己，照亮他人。

祝福安妮，希望这本书可以给更多的人带来正能量，让我们周围的人也因此变得更美好。

—— 李震

云杉医疗创始人、深圳市精准医疗学会会长

对于每个人来讲，学习尤其是向上学习，且把终身向上作为一种习惯予以坚持，无疑是一个莫大的挑战，这不仅需要毅力，更需要方法。安妮这本书从方法论的角度给读者梳理出了一个向上学习的新视角，这里有她的体会与总结提炼，也有各类成功人士的经验与分享。

书如其人，见字如面。相信安妮这份用心血与执着总结出来的学习方法论，一定会让读者如沐春风、茅塞顿开。祝愿本书销量再创新高，让我们一起见证与共勉！

—— 徐晓迪

深圳市委党校教授、清华大学深圳国际研究生院客座教授

曾经，在一个活动上，我和安妮讨论过一个问题：当下，对年轻人来说，什么样的工作最稳定？她的回答让我深受启发。她说，这个世界上没有稳定的工作，只有稳定的能力。真正意义上的"铁饭碗"，不是在一个地方吃一辈子饭，而是一辈子无论走到哪里，都能有饭吃。

—— 洪宏

深圳市互联网广告协会会长

寄　语

　　祝贺优雅聪慧的安妮出版新作。《向上学习》是安妮对工作和生活长期的思考与总结，是不可多得的人生指导书，适合追求进步的你。

—— **田佳峻**

广东省归国留学人员联谊会理事、深圳欧美同学会副会长、哈尔滨工业大学（深圳）电子与信息工程学院党委书记

　　初识安妮是在一个聚会上，她在大家的鼓动下，毫无准备地进行了三分钟的即兴演讲。她的思维敏捷、逻辑缜密，声音抑扬顿挫，让我惊叹不已，我感受到了她丰富的知识储备，以及孜孜不倦的向上学习的能力。

　　诚如她所说，向上学习不仅是一种精神，更是一种需要学习的能力。恭祝安妮的第五本作品《向上学习》取得好的成绩。

—— **晓凤**

深圳市杰恩创意设计股份有限公司联合创始人、南山区政协委员

　　每次见到安妮，我都会由衷赞赏她的美丽自信，纵使她不说话，依然能感受到儒雅的气质，也许这就是对一位不断学习的女人的最好注解。

生活的光明和意义大部分都在向上学习的过程中，不断地成长能拉近人与人的距离，拉近人与世界的距离，相信这本书能让每个读者有所收获、光芒万丈。

—— 田芳

深圳市新阳唯康科技有限公司总经理

本书是安妮对自身成长过程的提炼，通过理论和实践的有机结合，非常生动地阐述了向上学习的意义、方法以及具体举措，值得每一位积极进取的人细细品读、模仿实践。安妮的成长很好地诠释了"点燃自己、照亮他人"，希望阅读本书的读者能够像她一样，向上学习、终身学习，做最好的自己。

—— 许明炎

海普洛斯创始人

认识安妮可以追溯到十年前，她永远把正能量散发给身边的人，一直用实际行动点燃自己、照亮他人。希望这本书能大卖，希望安妮照亮更多的人，让更多伙伴向上、向善、向未来。

—— 聂赞相

剑桥大学博士、深圳新源柔性科技有限公司创始人

寄 语

　　普通出身、个人奋斗、奖学金留学。回国后，白手起家，放弃高薪厚职转而专注于海归事业。许多人都在想如何赚更多钱和得到更高名位的时候，安妮却用实际行动践行了她是如何成人达己的。她在成就了众多海归伙伴的同时也练就了一身"武艺"，而她从来没有吝惜在现实中的拼搏成果，并将其著写成书与大家分享。

　　这是一份如何从谷底到高山的奋斗手册，也是新时代中一名职业女性绝地反击的"战斗史"。安妮就是青年成长的灯塔式人物之一。

—— **蔡政堃**

全国绿化劳动模范、深圳市南山区政协委员、

柒分酒业创始人、深圳市海归协会副会长

　　我创办新知沙龙时，还是一个名不见经传的普通学生，但我却有自信与各行各业优秀的人交流。所以，不要害怕优秀的人不搭理你，你要知道，人是动态发展的，人也是逐渐成长的，今天的你或许还不够优秀，但二十年后呢？优秀的人也需要知心的年轻朋友，你要做的就是让他们认为你以后一定会优秀。

　　读到安妮的新书《向上学习》时，我发现她也是这样做的：遇到一个比自己优秀的人时，她与他平等交流，并让他觉得自己将和他一样优秀。这里有技巧、有心法，而更重要的是有自信和真诚。

我是懵懵懂懂一路走过，希望更年轻的朋友能按图索骥。

—— 纪彭

《国家人文历史》副主编、新知沙龙理事长

阅读《向上学习》的过程，其实也是阅读安妮成长的过程。向上学习到终身学习是一套完整的学习体系，这是一本真正可以帮助我们改变现状、度过低谷期的书，愿我们都能成为更好的自己。

—— 许立

odbo 服装品牌创始人

安妮是典型的深圳女孩，年轻、务实、勤奋、有活力，她用水晶一般纯洁的内心观察、思考、审视着形形色色的人、企业、事业等。《向上学习》是一本"内功心法"，是她总结出来的一本"武林秘籍"，能帮助大家更好地走向成功。希望有更多的人能读到这本书，并且被这本书鼓舞。

—— 陈功

深圳市迈步机器人科技有限公司创始人

我非常荣幸地向大家推荐安妮的新作《向上学习》。在这本书中，安妮以独特的视角和深度思考，为我们揭示了通过学习走向成功的方法。她以亲身经历为例，将学习方法和技巧娓娓道来，同时又提供了实用的建议和策略。无论你是学生、职场人士还是对自我提升有需求的读者，这本书都会成为你的良师益友。

—— **王导**
亮心教育联合创始人

安妮认为，我们不仅要让自己有一个"强单杠"，还要有很多不同的"斜杠"，才能让自己拥有多种能力去满足更多人的核心诉求。正如她一样，不仅是深圳市海归协会秘书长，还是作家、演说家、社会活动家，她一直在用自己的实际行动诠释着"能力才是最好的底牌"。

—— **林丽君**
深圳市海归协会副会长

做好任何一件事，都不可能只靠运气，在运气的背后是实力。这一点在安妮身上体现得淋漓尽致。为了达成某一个目标，安妮会补足自己知识的不足，提升自己欠缺的能力，用令人舒服的方式与他人相处，克服一切困难朝着目标前进。因此，好运是策划的结果，也是向上学习的回报。

—— **廖志仁**
广东省侨联副主席、暨南大学深圳华侨医院董事局主席

《向上学习》是一本学习智慧的书，在立人、知人、爱人、正人的角度上很好地诠释了如何认识自我、完善自我、超越自我。从而在心上明了，在事上觉知，在社会上传递价值。

希望这本书，可以影响感染更多的人，帮助更多的人从迷茫中走出来，引领他们见到光明。学海无涯、觉悟无边。

—— 马睿

深圳市康格尔科技有限公司董事长、深圳市海归协会副会长、中国管理科学院商学院客座教授

安妮这几年来的成长，真的是对深圳女孩儿与深圳速度另一维度的绝妙诠释。她以触动人心的故事，讲述着她是如何坚持终身学习，在不断向上学习的这条道路上舞动人生的。始终充满着蓬勃生命力的她，正是深圳青年的写照，也是千千万万个来深建设者的缩影。

—— 柳毅芬

深圳南山海外联谊会副会长

收到安妮新作《向上学习》的时候，恰好是我刚从"创新国度"以色列考察归国不久，这部作品让我想起了犹太民族的几种学习特质：

Balagan（巴拉干）：在混乱中保持有效学习。如爱因斯坦所言："如果凌乱的办公桌是一个人头脑混乱的迹象，那空荡荡的办公桌又是什么迹象呢？"

　　Chutzpah（虎刺怕）：以色列人创新之源。意指大胆、不屈不挠、肆无忌惮、不达目的誓不罢休的学习干劲或魄力。

　　Davka（达夫卡）：雨中跑步，在探索世界中寻找灵感。

　　学习是自我成长之源，向上学习是自我超越之源，是创新之源。

—— 徐晓良

广东省山东青岛商会会长、

中国科学院科创型企业家培育计划发起人

　　认识安妮多年，她始终持续精进、践行知行合一，最终变成了更好的自己，也感染和激励着身边的人。我希望和更多的朋友分享安妮的新书《向上学习》，让我们选择破圈，拥抱强大的自己；向上学习，成为更卓越的自己。

—— 陈宁

乐凯撒比萨创始人、CEO

　　向上学习，正是应对时代不确定性的关键心法，安妮也是一位坚定的实践者。她专注于提升自己的认知水平，拓展自己的思维边界，设立一个个目标并不断突破，还不忘利用碎片时间充实自己，让自己变得更加优秀。

—— 陈柏儒

星雅航空集团创始人、董事长

安妮是一个很优秀的人，这本书中的观点与内容也都是她通过自己亲身经历的故事不断总结得出的，并为大家提供了一些简单、实际、有效的学习方法。因此，如果当下的你感到迷茫，感到时间和精力都很有限，不知道人生该怎么走，也不知道目标要怎么设立，那么请你读读这本书，它一定会给你明确的方向和落地的方法。

—— 朱淏

宁夏海归协会副会长、

银川市欧美同学会常任理事

十几年前，我通过海归协会认识了安妮，认真、负责、努力、有灵气是她留给我的第一印象。

这么多年来，我见证了安妮的一步步成长。我看着她把深圳市海归协会逐步发展成全国有名的组织，从一个平台延伸到各种社会服务活动中，她带着秘书处人员，常年奔走于城市之间，仿佛有用不完的精力。

这次《向上学习》的出版，也是她自我复盘和学习的一次汇总，她和她的文字，都值得推荐给大家。

—— 王伟明

和记地产集团有限公司总经理、深圳市侨青委副主任、

深圳市龙岗区海归协会创始副会长、

中山市侨青会副会长

寄 语

安妮注重行不言之教，一直在用行动传播她的正能量。譬如，她以小小的身躯走过了飞沙扬砾的戈壁，并取得了第一名的成绩；她每天写日记，坚持了1000多天；她为疫情募集到1000万元的善款；工作中，她一直都是忘我的状态，半夜都会看到她在群里发信息……我们会开玩笑称她为"鸡汤姐"，因为她就像一颗小太阳，只要站在她旁边，你就能感受到温暖。

在此，我也推荐大家多多关注和阅读她的新书，相信你们能在字里行间感受到她像小太阳一般散发出来的巨大能量。

—— **张振流**
深圳市恒悦数字科技有限公司创始人

安妮是"学习"和"向上"的榜样。每次见面，我都感到她比上一次变得更优秀了；安妮也是终身学习理念的实践者。作为"政府的助手，企业的伙伴，青年的偶像"，她从不给自己设限，永远保持正能量，不断从所有人身上学习，比如，今天我们可能聊了一个新的产业领域并分享了观念，下一次，她就会对这个产业领域产生独到的见解。

我对这本书充满期待，让我们一起在书中寻找安妮的成长密码吧。

—— **胡峻**
前湾咨询创始人

山高人为峰。但并非所有人都能顺利到达自己人生的顶峰。如果当下的你很迷茫,不知道人生路该怎么走,想要变优秀却不懂怎么向上学习,那么请你务必读一读安妮的这本新书——《向上学习》。

认识安妮很多年,在我看来,安妮是一个向上学习的最好践行者。她从最初上市公司的"一颗小螺丝钉",到现在独当一面、出版了五本书、穿越戈壁大沙漠、进行了一百多场演讲的独立女性,可以说,她真正活出了自我。

—— 唐红

深圳市红和文化集团董事长、深圳市南山区第五届政协委员、妇联常委、三八红旗手

在我的印象中,安妮精力充沛、才华横溢、能力出众,是一位集才情和气质于一身的女性作家。她一直在研究关于人生的课,这些熠熠生辉的研究成果也在不断地充盈着她的内心世界。世事洞明皆学问,人情练达即文章。敬请大家阅读《向上学习》,走进安妮的精神世界,掌握外界规律,找准自我定位。

—— 薛丽雅

广东省侨界海外留学归国人员协会常务副会长、湛江市侨界海外留学归国人员协会执行会长

一个人无论想要取得多大的成就,都不能脱离学习。努力学习,不仅能让自己学到知识,也能提升自己的能力。能力越强,在工作中也就越有机会获得成功。努力学习,也是对自己最好的一种投资。如果你不知道该怎么做,那么这本书就是你的指南。

—— 刘东豪

深圳市企业高质量发展促进会常务副会长、

龙华区工商联(总商会)理事

思维决定认知水平。在这个快速变化、日益复杂的时代中,如何才能让自己变得更优秀?我很赞同安妮的观点:倘若你不是天赋异禀、才华横溢的人,有一条路是你必须走的,那就是通过学习不断打磨自己的意志,不断向上学习,提升自己的心性,让自己发生质的变化,就此开启人生跃迁的旅程。

—— 徐嘉祺

金蝶软件(中国)有限公司助理总裁

什么是人生捷径?就是不走弯路。安妮从多个维度,把她多年积累的实战经验,总结成了可复制的方法论。只要践行这本书中的内容,实现人生跃迁就只是时间问题而已。

—— 泽宇

泽宇咨询创始人、抖音百万粉丝博主

有时候，一个决定会影响我们的一生，所以很多人在做选择的时候很焦虑、很纠结。这本书中提到的在有限的时间内，只做自己价值观内最重要的事的价值观排序法，很有效也很实用。安妮，是值得我们学习的一个榜样。这本书，值得学习。

—— 韩宇星

清华大学深圳国际研究生院数据科学与信息技术研究院长聘副教授、国家人才计划青年专家

用精致和残酷打磨人生，这是安妮给我留下的深刻印象。向上学习是认知、是目标，更是能力，也是一个人、一代人成就自己的必由之路。

—— 李晓锋

深圳市家装家居行业协会会长、《书都·走读深圳》总策划

和安妮认识足足十年了，我看到的她始终都在积极地面对人生，保持日日精进，向上学习，她的这种对待生活和学习的态度，也在潜移默化地影响着我。安妮是一个富有使命感的人，她喜欢让自己发光发热去照亮温暖身边的人。祝福安妮，我和朋友们陪你一起绽放。

—— 陈维伟

草根天使会会长、种子期创投创始人、中国青年创业导师

寄 语

安妮是一个善于把握细节、反思得失的优秀年轻人，书中的观点与内容是她对自己过去的实践与感悟的总结提炼，目的是为年轻人提供一些易于操作又具有实效的学习方式，帮更多的年轻人找准定位、精准努力，让他们在成长和奋斗的道路上避免走弯路，能够突破瓶颈、找到诀窍，成为更好的自己。如果每个人都可以向上学习，那么整个世界都将变得更加美好。

—— **韦祖松**
历史文化学博士、知名历史文化作家、
广东省政府高端智库资深研究员

认真读了《向上学习》这本书，能深刻地感受到在当前复杂的大变局背景下，安妮对年轻人殷切的关怀和有效指导的初心，这本书，对初入社会的广大普通学生来说，是一本非常精准、实用的人生及职场指导手册。

希望安妮的初心和方法能够帮助更多有需要的人。

—— **闫珞珈**
浙江安创智联科技有限公司董事长、浙商总会数字资产及交易
委员会执行主席、钱塘文化创始会长、
青岛新经济企业家商会创始会长、
杭州海创会执行会长

向上学习

和安妮认识十年了,她十年如一日地充满活力和感染力,这份蓬勃向上的生命力,是当下,也是未来难能可贵的一种品质。人生要有光,她是一个能自发光并能为别人带去光的人。

人生哪能尽如意,如果你好奇她是如何保持这份积极向上的心气的,那么你可以期待在书中找到答案。

—— 凌凌

深圳广电集团主持人